晶硅异质结和钙钛矿太阳能电池的制备及性能优化

张喜生　著

中国原子能出版社

图书在版编目 (CIP) 数据

晶硅异质结和钙钛矿太阳能电池的制备及性能优化 / 张喜生著 . -- 北京 : 中国原子能出版社 , 2022.9

ISBN 978-7-5221-2118-5

Ⅰ . ①晶… Ⅱ . ①张… Ⅲ . ①薄膜太阳能电池—研究 Ⅳ . ① TM914.4

中国版本图书馆 CIP 数据核字（2022）第 169238 号

内 容 简 介

由于硅基异质结和新型钙钛矿太阳能电池及二者的叠层电池具有高效率和低成本优势，近几年吸引和激发研究者们的广泛关注和研究兴趣。本书对 SHJ 太阳能电池的关键技术进行了详细介绍，并形成完整的工艺流程，对钙钛矿薄膜太阳能电池中的关键组成材料分别进行了选择以及工艺的优化，为开发新材料、提高钙钛矿太阳能电池性能与应用奠定了一些实验基础，同时新材料的选择和优化为材料的潜在应用扩宽了道路。相信在不久的将来低成本、高效率、大面积且制备工艺简单的钙钛矿或者钙钛矿 /SHJ 叠层太阳能电池必然会实现产业化，成为世界能源中重要的有生力量。本书结构合理、条理清晰、内容详细，可供能源、材料等相关专业的学生及相关专业的科技人员参考阅读。

晶硅异质结和钙钛矿太阳能电池的制备及性能优化

出版发行	中国原子能出版社（北京市海淀区阜成路 43 号 100048）
责任编辑	白皎玮
责任校对	冯莲凤
印　　刷	北京九州迅驰传媒文化有限公司
经　　销	全国新华书店
开　　本	710 mm × 1000 mm　1/16
印　　张	9.875
字　　数	156 千字
版　　次	2023 年 4 月第 1 版　2023 年 4 月第 1 次印刷
书　　号	ISBN 978-7-5221-2118-5　　定　　价　168.00 元

网　　址：http://www.aep.com.cn　　E-mail:atomep123@126.com

发行电话：010-68452845

前言

PREFACE

太阳能是地球能量的来源，是人类社会得以产生、存在和延续的最基本要素。近几年来，各国政府采取了多种扶持政策，在光伏业界的共同奋斗和社会各界的大力支持下，以太阳能光伏发电为代表的新能源发展迅速，我国光伏产业竞争力已位居世界前列。硅料、硅片、电池片和组件的产量均占到全球市场的 70%以上，光伏装机容量占到全球总装机容量的 40%以上。得益于我国光伏产业规模化制造技术的进步，晶硅电池组件的成本在过去十年降低了10 倍以上，部分地区已实现平价上网。但是，以硅电池为主的光伏产业，仍然需要关注如下问题：①为实现全面平价上网，发电成本还需进一步降低；②我国光伏产业优势主要体现在大规模量产制造方面，但硅电池技术发展的原创性前沿技术仍由欧、美、日等国的研究机构、公司所主导；③晶体硅太阳能电池的实验室最高转换效率已达 26.7%，逼近其理论极限效率 29.4%，如何超越硅晶太阳能电池效率瓶颈，开发突破 30%光电转换率的新一代高效低成本光伏技术已成为国内外科研人员关注的焦点，也是我国光伏人必须面对的竞争与挑战。

硅基异质结和新型钙钛矿太阳能电池及二者的叠层电池分别作为第一代与第三代太阳能电池中的佼佼者，由于其高效率和低成本优势，近几年吸引和激发研究者们的广泛关注和研究兴趣。本书将分别介绍硅基异质结太阳能电池、钙钛矿太阳能电池以及二者叠层电池的制备和性能。

本书各章后面虽然列有参考文献目录，但由于数量庞大，无法一一列出，谨向有关作者致谢。本书编著过程中，得到了运城学院物理与电子工程系领导和同事的大力支持，读博期间，陕西师范大学刘生忠教授和兰州大学靳志文教授等给予了很多帮助，并提出了宝贵建议，同时本书出版得到了山西省科技创新项目（2021L473）运城学院博士科研基金以及运城学院电子科学与技术学科建设（培育）项目的资助，在此一并感谢。由于水平有限，课题相关理论和实验仍处于不断发展和更新中，书中难免有疏漏和不妥之处恳请同行和读者及时反馈于我，以便再版时修订。

张喜生

2021年6月

CONTENTS 目 录

第1章 绪论

随着工业与科技的发展和人口数量的增加，对能源的需求不断加大，能源问题在制约经济发展和国家安全因素中逐渐凸显。近年来，随着化石能源的大量消耗以及由此所释放的粉尘、SO_2、CO_2气体等，由此引发的温室效应等污染问题不断加剧，严重危害着人类的健康。各国政府都加紧致力于发展研究太阳能发电技术，期待能够加快用清洁能源代替传统的化石能源，彻底解决人类社会的能源问题。太阳能取之不尽用之不竭，是人类未来替代化石能源的首选[1]。太阳能转换包括太阳能与热能转换、太阳能与电能转换、太阳能与氢能转换、太阳能与生物质能转换、太阳能与机械能转换。太阳能利用包括太阳能热发电、太阳能光伏发电、太阳能水泵、太阳能热水、太阳能建筑、太阳能灶、太阳能干燥、太阳能电池制冷和空调及海水淡化、太阳炉、太阳光催化治理环境、能源植物。太阳能利用领域极其广阔，除以上介绍的一些项目外，诸如太阳能汽车、太阳能飞机、太阳能热泵等还有很多，同时新的利用技术还在不断涌现。

图1.1是欧盟联合研究中心委员会对2000年到2100年太阳能发电占世界能源总消耗的比例发展所做的预测。太阳能发电将在世界能源消耗所占比重越来越多，到2100年左右将占能源总消耗量的60%以上。在2020年9月份的第七十五届联合国大会一般性辩论上我国首次明确提出碳达峰和碳中和的目

标。国家主席向全世界表示我国将采取更加有力的政策和措施，并且承诺力争于2030年前达到峰值，2030年单位国内生产总值二氧化碳排放将比2005年下降60%~65%，2060年前实现碳中和的宏远目标。随后在多次重大工作会议和对外问答过程中提到碳中和和碳达峰目标。预计未来随着我国节能减排政策的进一步出台，我国碳排放情况将进一步改善。2021年，我国以5.2%的能源消费总量增速支撑8.1%的GDP增速。清洁能源占能源消费总量的比重达到25.5%，较2020年提高1.2个百分点，煤炭消费比重降至56.0%，较2020年下降0.9个百分点。2021年，全国非化石能源发电装机首次超过煤电，装机容量达到11.2亿千瓦，水电、风电、光伏装机均超过3亿千瓦。目前，利用太阳能发电的光伏产业备受瞩目，基于太阳能电池的光伏技术是被公认为最有可能解决当前人类面临的能源危机与实现碳达峰和碳中和的目标的技术之一[2, 3]。光伏发电将太阳能转化为电能，电能经过逆变器直接并入国家电网。数据显示，2021年我国光伏发电新增并网容量5488万千瓦，其中集中式光伏电站2560.07万千瓦，分布式光伏2927.9万千瓦。截至2021底，我国光伏发电累计并网容量30 598.7万千瓦，其中集中式光伏电站19 847.94万千瓦，分布式光伏10 750.8万千瓦。由于太阳发电成本仍然高于传统能源的发电成本，因此持续地开展新能源太阳能电池的研究是非常有必要的。

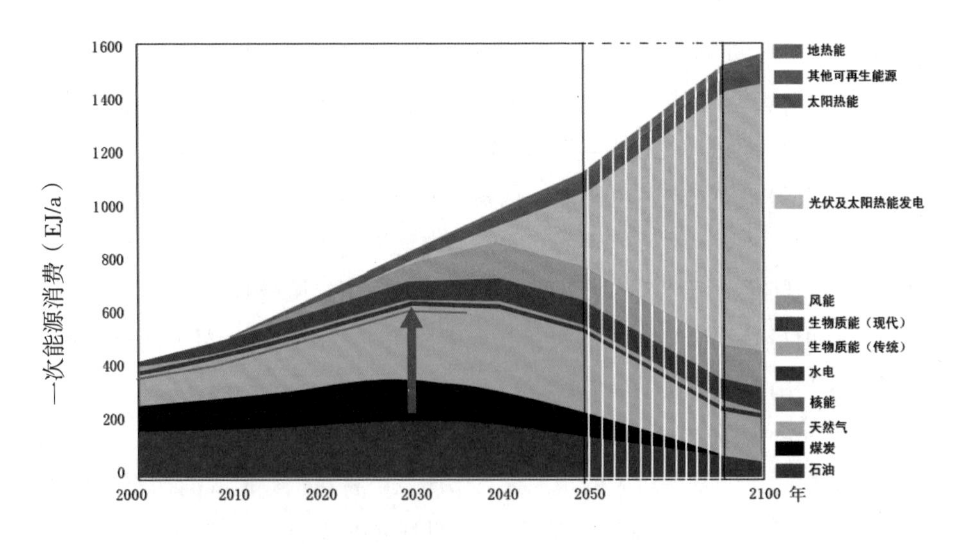

图1.1　欧盟联合研究中心对世界能源消耗所做的预测

1.1　太阳能资源

太阳持续的聚变反应释放出巨大的能量，并以辐射的方式到达地球即为太阳能。太阳辐射到地球表面的能量能够满足全球能源需求的1万倍。预测将0.1%地球表面安装能量转换效率为10%太阳能电池即可满足当前全球的电能消耗。

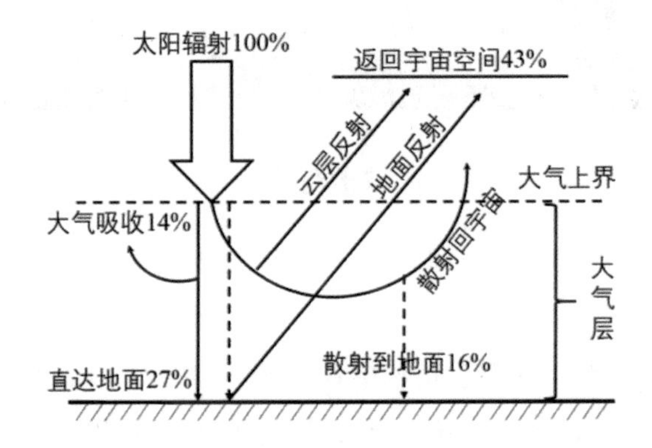

图1.2　太阳辐射受大气层和云层的反射、散射与吸收状况的示意图

太阳光通过辐射穿过大气层到达地表的过程中，会受到大气及云层的吸收、反射和散射等多种作用，使太阳光的强度、方向以及光谱分布发生变化，因此地面接收到的太阳辐射一般分为直接辐射和散射辐射两部分，如图1.2所示。太阳光最终到达地面的总辐射量仅为43%左右，其中直接辐射约27%，散射辐射约16%，而且随太阳光入射角度的变化而变化。可见环境污染程度的改变造成大气质量的变化，使得太阳漫射能量也会随之而改变，从而亦会影响入射到地面的总太阳能电池量。据气象学家说，倘若气候变化1%的话，都会引起太阳光谱的变化。因此太阳光谱的标定对太阳能电池性能检测来说是一个非常重要的问题。国际上用大气光学质量（Air Mass，AM）来描述大气对地球表面接收太阳光的影响程度，定义为太阳辐射通过的实际路径与太阳在天顶方向垂直入射时的路径比，形容光在大气中传播的

距离。AM=$P/P_0\sin\theta$，P为当地的大气压力，以巴表示，P_0等于1.013巴，θ为太阳高度角。

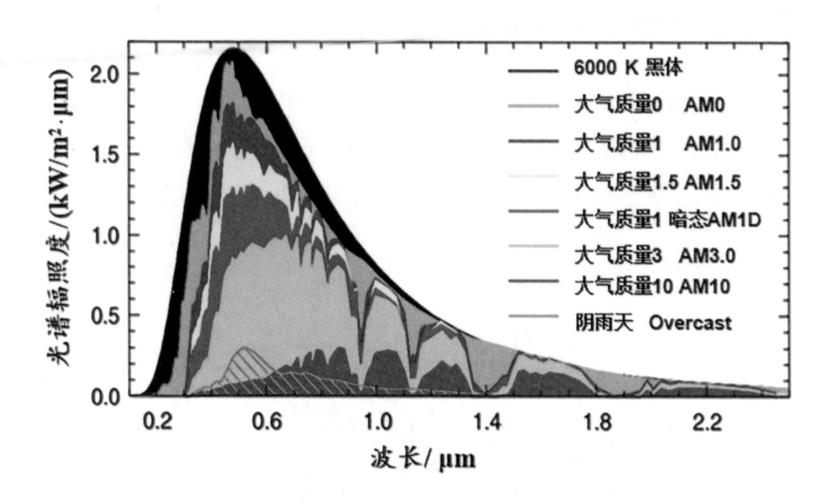

图1.3 不同条件下的太阳辐射光谱图[4, 5]

太阳辐射光谱与黑体辐射光谱相似，如图1.3所示，AM 0表示外太空太阳辐射的光谱，不受大气层的影响，光功率密度约为1367 W/m^2，多用于卫星和空间站等场合。太阳光垂直入射到地球的情况为AM 1.0，为经过大气中悬浮物、水蒸气、尘埃以及臭氧层对太阳光吸收和散射后的结果。而通常情况下，太阳光并非垂直入射，而会与地面法线间形成一定的夹角θ，定义这时的大气光学质量为AM1/cosθ。而AM 1.5即为θ=48.2° 的情况，此值对应的辐射总量是1000 W/m^2，是晴天时太阳光照射到地球表面的典型情况（如图1.4）。因此，规定AM 1.5对应的光谱与能量强度为标定和测试电池的标准[6]。

太阳光谱的能量集中于短波区，一般分为三个区域，300～400 nm为紫外光区，400～760 nm属于可见光区，760～1200 nm为近红外光区，它们分别约占太阳辐射总能量的7%、43%和50%左右，能量最高峰对应波长在475 nm处。不同太阳能电池所用的吸光材料不同，带隙大小也会不一样，例如晶体硅带隙约1.12 eV，$MAPbI_3$钙钛矿约1.6 eV，导致其太阳光谱吸收范围也不同。将太阳光谱小于800 nm的AM 1.5能量全部转化，可以得到约26 mA/cm^{2}的短路电流密度[7]。

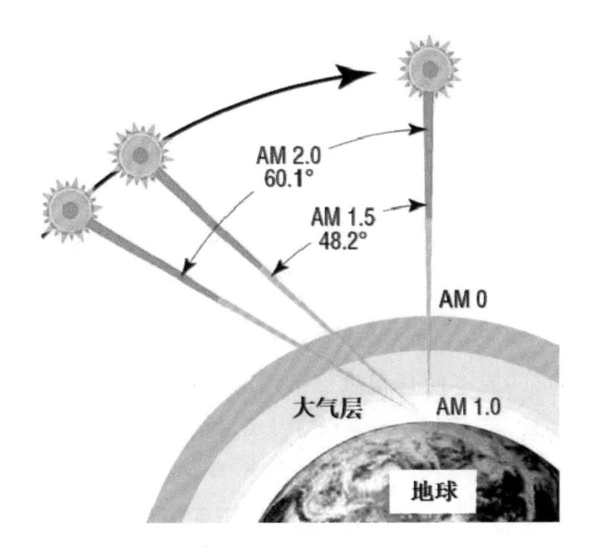

图1.4　大气光学质量与太阳辐射穿透的大气层路径

1.2　太阳能电池

1.2.1　太阳能电池的发展历程

太阳能电池的工作原理是光生伏特效应，1839年法国的科学家Becquerel首先发现了光照条件下两个铂片放入卤化物溶液中的光电效应，且电压随光照强度变化而改变[8]。随后人们发现硒薄膜和Cu/Cu_2O异质结等金属-半导体和半导体p/n结上同样存在光伏效应。1954年美国Bell国家实验室的Chapin和Pearson等人第一次研制出世界上硅p/n结太阳能电池，但效率仅为6%，不断优化和改进后效率超过10%，自此拉开研发太阳能电池的序幕[9]。经过半个多世纪的发展，目前，人们已经研制了100多种太阳能电池，各种类型的太阳能电池层出不穷，根据其发展历程，可将太阳能电池分为三代（图1.5）：第一代是以单晶硅和多晶硅为代表的晶体硅太阳能电池[9-13]。这类太阳能电池的技术最成熟，且能量转换效率高（单晶硅太阳能电池的效率已达到26%以上），并已投入产业化商业生产。但是硅系太阳能电池生产工艺复杂，成本高，不易携带等缺点限制了它的大规模应用。第二代是基于硅薄膜以及化合物半导体薄膜（砷化镓、碲化镉、铜铟锡、有机聚合物等）的薄膜太阳能电池。此类电池中硅薄膜电池能量转换效率较低，砷化镓电池虽然能量转换效率高，但昂贵的成本使其很难被推广应用[14-30]。第三代是新型太阳能电池，包括染料敏化、量子点以及钙钛矿太阳能电池等[29-42]。

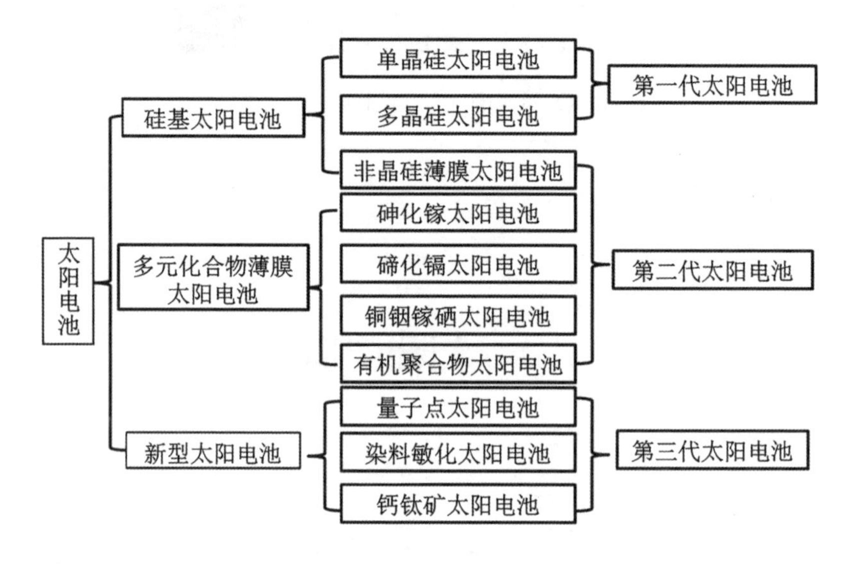

图1.5　太阳能电池的分类

目前传统的晶体硅太阳能电池主要的研究方向包括：（a）减薄硅片并增加电池片尺寸。目前晶硅片的厚度约120 μm，电池片面积180 × 180 mm^2，未来薄化硅片是降低原材料成本和电池片生产中损耗的重要环节，但面临的挑战是硅片减薄过程会造成较高的碎片率；（b）进一步提高太阳能电池的效率。单晶硅太阳能电池目前产业化效率在22%~24%之间，通过优异的钝化发射极背面接触（PERC）技术，其效率可以进一步提高到23%~25%。（c）发展高效a-Si/c-Si异质结太阳能电池。日本三洋公司通过本征非晶硅薄膜对硅片表面钝化，获得了双面的高效a-Si/c-Si异质结太阳能电池，并且通过不断优化发展，通过与叉指背面点接触电池（IBC）技术相结合，异质结电池已经获得了26.7%的转化效率[43, 44]，为目前效率最高的硅电池，未来产业化效率有望超过25%。目前不断涌现的新型薄膜太阳能电池，也有望降低成本，代表性电池包括：（a）碲化镉（CdTe）薄膜太阳能电池，碲化镉材料是直接带隙材料，较晶体硅有更高的光吸收系数，仅需几微米厚度便可捕获足够的太阳光能量。目前碲化镉薄膜太阳能电池最高转化效率已达22.1%，量产的效率大约在18%。（b）铜铟硒及铜铟镓硒（CIS/CIGS）薄膜太阳能电池，铜铟镓硒薄膜也属于直接带隙材料，美国可再生能源实验室（NREL）将效率提高到19%以上，之后日本Solar Frontier公司又将效率提升到23.4%。尽管铜铟硒太阳能电池的效率较高，但铟材料短缺昂贵，不适合产业化。（c）染料敏化太阳能电池，瑞士的Grätzel教授将二氧化钛引入染料敏化太阳能电池中作为电极，将效率提升到7%。工艺简单且能耗低，大大降低成本，目前效率可以达到13%，组件效率也达到9%。（d）钙钛矿太阳能电池，由于卤化铅胺钙钛矿（$MAPbI_3$，$FAPbI_3$等）材料具有光吸收系数大、禁带宽度合适、载流子迁移率高、缺陷态密度低以及电荷扩散长度远等优点[45–48]，目前钙钛矿太阳能电池已经成为发展最为迅速的新型薄膜太阳能电池。《Science》期刊将其评为2013年十大科学突破之一；《Nature》期刊将其评为2014年十大最有突破可能的研究方向之一。美国可再生能源实验室认证的太阳能电池最高效率汇总[49]。在10年时间里，钙钛矿太阳能电池认证效率已经突破25.7%。但是，甲氨基碘化铅（$MAPbI_3$）等有机卤化铅钙钛矿材料的稳定性较差，使钙钛矿太阳能电池的产业化仍然面临挑战。科研人员也尝试通过全无机钙钛矿$CsPbX_3$（X = Br，I）电池来解决稳定性的问题[50, 51]。

1.2.2 太阳能电池的工作原理

太阳能电池工作原理是基于半导体p/n结光生伏特效应（图1.6），将吸光材料吸收的光能转化为电能的装置。当光照射到太阳能电池表面时，一部分被反射，其余部分则被吸光材料吸收或透过。被吸收的光中有的转化成热，另一些则会碰撞吸光的原子，产生电子–空穴对。在p/n结形成的内建电场势垒作用下电子–空穴对分离，电子和空穴分别被驱至n型区和p型区，导致电子和空穴分别在n区和p区富集，形成光生电场，方向与势垒电场相反。此时如果在外电路中连接负载，即可检测到由p区流向n区的光生电流。光生电压由电子与空穴的产生速率和复合速率达到平衡时p/n结两侧的费米能级之差决定。

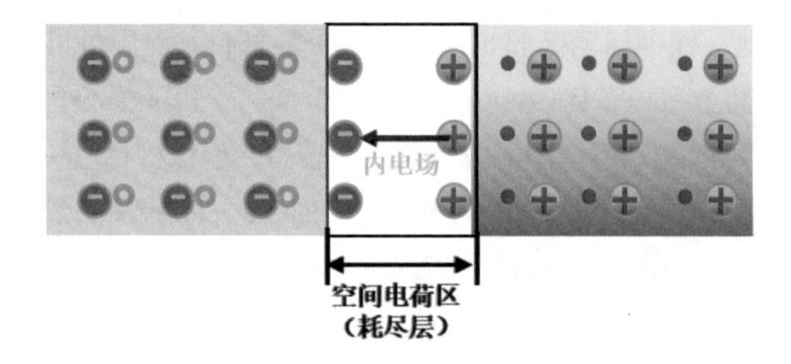

图1.6　太阳能电池的工作原理

1.2.3　太阳能电池的性能参数

为描述太阳能电池的工作状态，常将其及负载系统用图1.7所示等效电路模拟。恒定光照条件下，光生电流J_L表示恒流源，光电流的一部分会流过负载，在其两端形成端电压V，正向偏置于p/n结，引起与光电流相反的暗电流J_0。太阳能电池实际工作中，由于电极接触和吸收层本征电阻，基区和顶层本身带来的附加电阻，电流经过它们就会造成损耗，在等效电路中用串联电阻R_s表示。太阳能电池中由于电极微裂纹及电池边沿、划痕等搭建漏电桥，使一部分本应通过负载的电流短路，造成损耗，同样在等效电路中将它们用并联电阻R_{sh}等效。依据等效电路光照下的电池的J–V方程可以写成式（1–1）：

$$J = J_L - J_0 - J_{sh} = J_L - J_0[\exp(\frac{q(V - JR_s)}{nkT}) - 1] - \frac{V - JR_s}{R_{sh}} \quad (1-1)$$

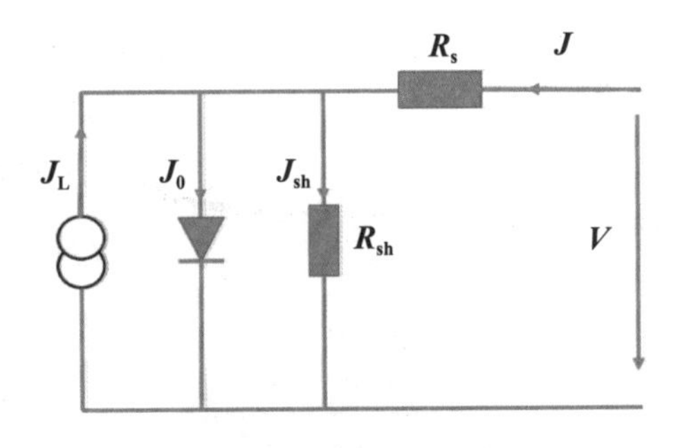

图1.7　太阳能电池等效电路

太阳能电池的性能一般通过暗态和光照条件下电流密度–电压（J–V）特性曲线来衡量。通过J–V曲线（如图1.8所示，上面为暗态曲线，下面为光照曲线），可以得到下列反映电池性能参数：其中J_{SC}为短路电流，V_{OC}为开路电压，太阳能电池输出功率最大值对应点的电流和电压分别是J_m和V_m。J–V曲线中开路电压和短路电流点的斜率值就是电池的串联电阻R_s与并联电阻R_{sh}。理想情况下太阳能电池J–V曲线是矩形，但是实际不可能达到，为表征实际J–V曲线与理想J–V曲线差异，定义参数填充因子FF（fill factor）用来表示最大能量输出点对应的电流和电压的乘积与短路电流和开路电压乘积的比值。可用式（1–2）计算。

$$FF = \frac{P_{max}}{J_{sc} \times V_{oc}} = \frac{J_{max} \times V_{max}}{J_{sc} \times V_{oc}} \quad (1-2)$$

电池的效率PCE（Power Conversion Efficiency）是衡量太阳能电池性能最重要的指标，等于J–V曲线最大功率点对应的功率P_m与入射功率P_{in}的比值，与电池的结构、所用材料的性质、工作环境及温度等有关。电池的转化效率PCE计算如公式（1–3）所示：

$$PCE = \frac{P_{max}}{P_{in}} = \frac{J_{sc} \times V_{oc} \times FF}{P_{in}} \quad (1-3)$$

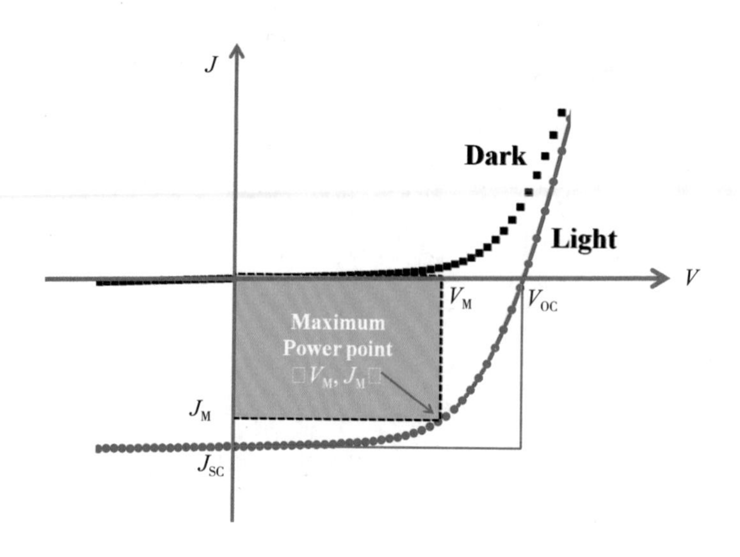

图1.8 太阳能电池的J–V特性曲线

太阳能电池量子效率分为内量子效率和外量子效率，反映入射光转化为电流的效率。外量子效率（External Quantum Efficiency，EQE），其物理意义为每一个能量的光子照射在电池上在外电路中收集一个电子的概率，换种方式表达，即电池光照条件下产生的载流子数与外部入射一定波长的光子数之比。如式（1–4）所示，其中J_{SC}（λ）为太阳能电池在能量为P_{in}（λ）的波长为λ的入射光照射下产生的光电流密度，e为单位电荷，v为对应的单色光的频率，P_{in}（λ）为相应波长下入射光的能量。

$$EQE(\lambda)=\frac{N_{\text{electrons}}}{N_{\text{photons}}}=\frac{J_{sc}(\lambda)/e}{P_{in}(\lambda)/h\nu}=\frac{1240\times J_{sc}(\lambda)}{P_{in}(\lambda)\times\lambda} \tag{1-4}$$

内量子效率（Internal Quantum Efficiency，IQE）为电池吸收一个不同能量的光子，能在外电路上收集到一个电子的概率。如式（1–5）所示，其中R（λ）是电池在波长λ处的反射率，T（λ）是电池在波长λ处的透射率。

$$IQE(\lambda)=\frac{EQE(\lambda)}{1-R(\lambda)-T(\lambda)} \tag{1-5}$$

与EQE相比，IQE扣除了电池反射和透射的影响。通过分析电池的EQE及IQE可以获得电池结构、材料质量、工艺与电池性能的关系。EQE通过对AM 1.5太阳光谱进行积分可以准确获得电池的J_{SC}，如式（1-6）所示。其中$I_{AM1.5}$（λ）为AM 1.5下的单位光谱强度，E（λ）为波长为λ下的光子能量。其中可以计算出波长为λ的P_{in}（λ）强度的单色光产生的光电流J_{SC}（λ）=EQE（λ）×P_{in}（λ）×λ/1 240。通过对J_{SC}（λ）在入射光范围内积分，即可得到太阳能电池的短路电流J_{SC}

$$J_{sc}=\int_{\lambda_2}^{\lambda_1}\frac{qEQE(\lambda)}{E(\lambda)}I_{AM1.5}(\lambda)\mathrm{d}\lambda \tag{1-6}$$

界面层产生的电子空穴对越多，激子的分离效率越高，载流子的迁移率越高，短路电流越大。开路电压物理本质是光照条件下太阳能电池中产生的电子空穴对，在内建电场势垒作用下分离，被收集到电极两端产生的电势差。因此开路电压是内建电场电荷收集能力的反映，也是电池工作状态下供给负载的最大电压。太阳能电池中，开路电压与吸光材料的禁带宽度和载流子分离时所需的能耗有关。它反映了太阳能电池能够对外提供的最大输出功率的能力。填充因子一般与电池中串联和并联电阻有关，提高电池的并联电阻和降低串联电阻对填充因子的改善有很大的帮助。电池效率等于单位面积电池最大输出功率（P_{out}）与入射光功率（P_{in}）的比值。实验室中，一般用AM 1.5G的太阳能电池模拟器来代替自然环境的太阳光，入射光的P_{in}为1 000 W/m^2。

1.3 硅基异质结（SHJ）太阳能电池

SHJ太阳能电池是用晶体硅基板和非晶硅薄膜制成的混合型太阳能电池，结合了非晶硅薄膜和晶体硅各自的优点，a-Si/c-Si异质结（SHJ）太阳能电池以保持硅电池世界纪录的姿态脱颖而出。

1.3.1 a-Si/c-Si异质结（SHJ）太阳能电池的结构

图1-9是a-Si/c-Si SHJ太阳能电池结构示意图，SHJ太阳能电池一般以N型的单晶硅片为衬底，经过制绒和RCA技术清洗后，在单晶硅的正面依次沉积本征（i-a-Si:H）和p型（p-a-Si:H）非晶硅薄膜，从而形成a-Si/c-Si异质结。而后在硅片背面依次沉积本征氢化非晶硅薄膜（i-a-Si:H）和n型非晶硅薄膜（n-a-Si:H）作为背表面场层。随后再在两侧掺杂氢化非晶硅薄膜（a-Si:H）表面分别沉积透明导电氧化物薄膜（TCO），最后通过丝网印刷在顶层形成金属电极，即构成具有对称结构的a-Si/c-Si异质结太阳能电池，也可以以P型单晶硅为衬底获得对应的太阳能电池。

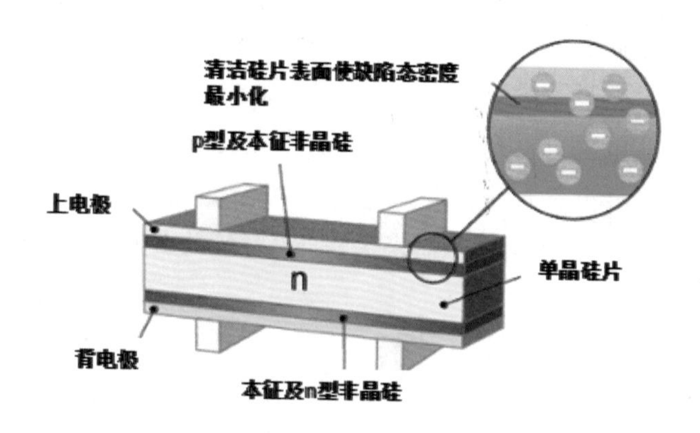

图1.9　SHJ电池的结构示意图

1.3.2 a-Si/c-Si异质结（SHJ）太阳能电池的优点

（1）结构对称。SHJ太阳能电池是分别在单晶硅片的两面对称地沉积本征和掺杂氢化非晶硅薄膜、TCO和印刷电极。相比传统晶体硅太阳能电池的制备，不仅减少所需设备种类简化工艺，而且对称结构使电池正反面受光照后都能发电。

（2）低温工艺。非晶硅薄膜与晶体硅形成异质结，使得SHJ太阳能电池的制备工艺温度在200℃左右，避免传统晶体硅电池扩散所需要高温热，不仅降低成本，而且减少热应力造成的硅片损伤。

（3）高开路电压。在晶体硅和掺杂非晶硅薄膜之间引入本征非晶硅薄膜，既能钝化晶硅表面，又能有效降低二者界面处缺陷态密度，提高电池少子寿命和开路电压，获得高转化效率。

（4）温度特性和光照稳定性好。SHJ太阳能电池温度系数为-0.25%/℃，低于扩散p/n结电池-0.5%/℃，可在户外高温条件下工作，表现出很好的输出特性。另外由于SHJ太阳能电池没有发现非晶硅薄膜导致的Stabler-Wronski效应，因此不会出现类似硅薄膜电池中效率因光照而衰退的现象，弱光性能比传统晶硅电池好。

1.3.3 SHJ太阳能电池的发展历程

20世纪90年代初，三洋电机开始进行非晶硅薄膜/晶体硅异质结电池的研发，到1994年三洋公司研制出转化效率高达20%的SHJ太阳能电池[52]。1997年，三洋公司已经开始量产SHJ电池[53]，当时生产面积超过100 cm^2的SHJ太阳能电池转化效率达17.3%。2003年，三洋将SHJ电池的量产效率提升到19.5%，并推出了功率为200 W p的SHJ组件，该组件效率达到17%。2011年三洋推出了功率为240 W p的n型系列SHJ组件，组件效率19%，所用的电池效率达21.6%。随着研发水平的不断提高，SHJ电池的效率不断提升，异质结电池的转换效率正在逐渐接近晶体硅电池效率的理论极限值。从2009年起三洋电机的研发方向转向在维持效率的情况下，以硅片衬底薄型化来降低成本，其最近几年在研发厚度为98 μm的SHJ电池，2013年三洋产业化电池的平均转换效率达到21.6%。2014年日本松下公司通过高效异质结（SHJ）、双面N型、指状交叉背面点接触电池（IBC）等技术结合，电池效率高达26.3%，超过了单晶电池转化率的世界纪录，而且其制备的电池，电池的有效面积143.7 cm^2，为异质结电池的产业化提供了坚实的基础。目前国内SHJ太阳能电池持续发展，2021年，隆基硅业打破n型和p型硅片制备的SHJ电池转化效率世界纪录，被推高到26.3%和25.47%[44]。

1.3.4 获得高效率SHJ太阳能电池的方法

（1）改善a–Si:H/c–Si异质结界面性能，获得高开路电压。

SHJ太阳能电池的高开压源于本征非晶硅的引入。若没有本征层的存在，掺杂层中的局域态会产生隧穿效应[54]。而高质量的本征非晶硅层会对硅片表面缺陷态有效钝化，抑制隧穿效应，获得优异的界面性能，同时背场界面复合速率也减小，从而保证获得较高的开路电压。从制备工艺来看，可通过以下两方面优化：第一，改善制绒清洗工艺，获得合适的减反绒面和清洗效果。第二，调整沉积工艺，减少硅片表面的等离子损伤和热损伤，获得高质量的本征氢化非晶硅薄膜，优化非晶硅和晶硅界面的能带弯曲。

（2）优化电池陷光、降低非晶硅薄膜和透明导电膜的寄生吸收造成的光损失及减少电极遮光损失，提高短路电流密度。

方法：第一，优化硅片金字塔绒面织构，实现良好的陷光效果。第二，采用宽带隙窗口层和发射层材料。第三，采用高载流子迁移率、低电阻率和高透光率的TCO薄膜。第四，优化栅线电极，减少遮光面积。

（3）降低电池的串联电阻及漏电流，提高填充因子（Fill Factor，FF）。

方法：第一，降低栅线电极电阻，减少电学损失。第二，降低TCO薄膜电阻率和串联电阻。第三，优化层与层界面，降低复合损失和漏电流。

1.4 钙钛矿材料及其太阳能电池

钙钛矿太阳能电池是由染料敏化电池（DSSCs）衍生出来，将染料用钙钛矿型的有机（或无机）金属卤化物半导体做相应的替换，作为光吸收层，它保留了DSSCs成本低、易制备的优点，电池效率却有大幅度的提升，自发现短短几年迅速成为研究领域的热点。十年间钙钛矿太阳能电池的转化效率取得不断突破。到2021年底，其认证效率已经达到25.7%。钙钛矿电池拥有制备工艺简单、成本低廉、元素储量丰富等优点，使研究工作者对钙钛矿太阳能电池的商业化应用充满信心。

1.4.1 钙钛矿材料简介

钙钛矿型（perovskite）晶体结构的材料于1839年被发现，以俄罗斯地质学家perovski名字来命名的，最初指钛酸钙（$CaTiO_3$）。图1.10为典型的钙钛矿结构化合物分子结构，符合分子式ABX_3。每个金属阳离子被六个阴离子所包围，从而形成八面体BX_6，并且各个八面体在顶点处相连形成网络，这些八面体在理想情况下其轴是准直的，是构筑钙钛矿结构的基础，对钙钛矿材料的物理化学性质有很大影响。当A离子远小于B离子时，八面体便扭曲或倾斜，整个构架围绕着A离子塌陷，对称程度发生变化，进而影响钙钛矿的光电等性质。其中，A一般为Cs^+、$CH_3NH_3^+$（MA）、$NH_2CH{=}NH_2^+$（FA）等；B为Pb^{2+}、Sn^{2+}、Ti^{4+}、Bi^{3+}等；X为Cl^-、Br^-、I^-、O^{2-}等。根据A基团的不同，可以将钙钛矿分为无机钙钛矿材料和有机–无机杂化钙钛矿材料。

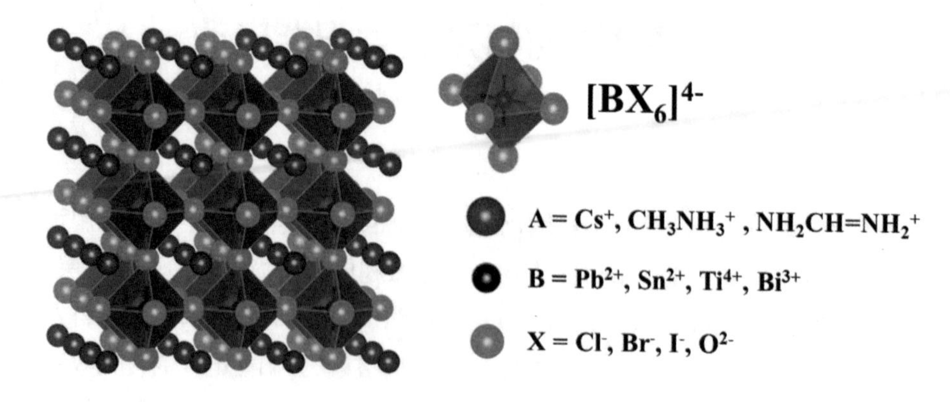

图1.10 钙钛矿ABX_3的晶体结构

Goldschmidt早在1920年就提出容忍因子（t）这个概念[55]，钙钛矿晶体结构的稳定性和扭曲形变一般与其有关，t的计算如公式（1–7）所示：

$$t = \frac{r_A + r_X}{\sqrt{2}(r_B + r_X)} \tag{1–7}$$

其中，r_A、r_B和r_X分别为相应位置离子的半径。Goldschmidt对大量钙钛矿结构参数进行总结，理想立方钙钛矿结构的t值为1。当t改变时，钙钛矿晶体结构就会发生改变，从而致使材料的光电特性也随之而改变。一般t在0.75～1.1时钙钛矿晶体都能稳定存在，只不过其中有些结构偏离理想结构而成为四方、正交、单斜等晶系的晶体。当t>1时，$[BX_6]^{4-}$的三维网络结构会被撑开，形成二维、一维甚至零维结构[56]。因此可以通过改变阴阳离子的半径，实现钙钛矿晶体结构的维度调控。通过对A、B和X位置的离子改变可以对钙钛矿材料的组成和光电性质等进行调节。目前钙钛矿型太阳能电池中，有常见的有机–无机杂化甲胺碘化铅（$CH_3NH_3PbI_3$，简化为$MAPbI_3$），甲脒碘化铅（$NH_2CHNH_2PbI_3$，简化为$FAPbI_3$）及全无机铯铅碘（$CsPbI_3$）。钙钛矿的带隙为1.4～1.7 eV。通过调节卤素离子的比例，其带隙可在1.4～2.8 eV之间连续可调。另外，通过改变有机阳离子或者调节不同阳离子的比例（$CH_3NH_3^+/NH_2CH=NH_2^+/Cs^+$）[57]和金属（$Pb^{2+}/Sn^{2+}$）阳离子比例[58, 59]也可以进一步降低钙钛矿材料的带隙，拓宽光谱的吸收范围。禁带宽度的调节在太阳能电池以及其他光电器件应用方面具有重要的意义。

1.4.2 钙钛矿太阳能电池的发展历程

1980年，德国科学家Salau等人首次应用全无机$KPbI_3$钙钛矿材料制备太阳能电池。2009年，Kojima等人制备了基于$MAPbI_3$液态染料敏化电池结构的钙钛矿太阳能电池，由于$MAPbI_3$遇水不稳定，制备的器件效率仅仅3.8%[60]，但是由于$MAPbI_3$这种钙钛矿材料优异的光电性能，迅速吸引了众多科研人员的关注进而对其展开研究。短短7年时间，有机无机钙钛矿太阳能电池的发展经历了很多里程碑式的进展。2012年，Park等人采用Spiro-OMeTAD作为空穴传输层制备全固态介孔钙钛矿太阳能电池，效率达到9.7%[61]。这一年，Snaith组又用氧化铝多孔层作为支架，电池效率提升到10.3%[62]。2013年，Snaith组首次采用真空法制备了均匀致密的钙钛矿薄膜，薄膜对基底表面全部覆盖，通过对钙钛矿组分和比例的优化，制备了效率高达15.4%的平面型钙钛矿电池[63]。2014年，Huang等人将PCBM作为电子传输层制备反式结构钙钛矿电池。PCBM对钙钛矿表面的缺陷有钝化作用，同时结合溶剂退火的方式，使得钙钛矿太阳能电池效率达到15.7%[47]。Seok等研究人员在使用溶液法制备钙钛矿薄膜过程中通过滴加甲醚作为抗溶剂，获得了表面光滑的钙钛矿薄膜，采用此溶剂工程所制备的电池效率达到16.2%[64]。Park组研究表明，钙钛矿薄膜的性能与钙钛矿晶粒尺寸有关，较大的晶粒可以大大降低载流子在晶界处的复合，通过调控甲氨基碘的溶液浓度，优化了钙钛矿晶粒尺寸，将电池效率进一步提升到17.1%[65]。同年，Yang等科研者将铱掺杂到TiO_2中，电子迁移率提高，而且采用聚合物PEIE对透明电极修饰，由于功函降低，使其与钙钛矿电池中的钙钛矿层及电子传输材料的能级更加匹配，提高载流子的提取效率，将平面型钙钛矿电池效率提升到19.3%[66]。

2015年，Seok组等人用二甲亚砜（DMSO）与PbI_2反应，生成复合物PbI_2（DMSO），通过分子内的交换反应与碘甲脒（FAI）形成结晶度高的甲脒基碘化铅（$FAPbI_3$）钙钛矿薄膜。基于此制备的$FAPbI_3$钙钛矿电池效率突破20.1%[67]。同年，Han课题组等人用锂和镁对空穴传输材料进行掺杂，用铌对电子传输层掺杂，提高了界面层载流子迁移率和导电性，将反式结构钙钛矿电池性能进一步优化，小面积（0.1 cm^2）电池效率超过20%，大面积（1 cm^2）电池的认证效率也首次突破15%[68]。2016年，钙钛矿电池更是发展迅速，Grätzel组等科研人员用微过量的PbI_2与碘甲脒（FAI）和溴甲胺（MABr）混合反应制备钙钛矿薄膜，过量的PbI_2可以降低钙钛矿中的缺陷态密度，使得钙钛矿电池效率达到20.8%[69]。同年，国际上钙钛矿电池的最高认证效率突破22.1%，有效面积超过1 cm^2的电池效率也超过18%[70]。近几年电池效率也是日新月异，2021年韩国蔚山国家科学技术研究所制备的钙钛矿太阳能电池实验室最高认证效率为25.7%，国内中国纤纳光电光伏组件（19.32 cm^2）最高认证稳态效率达到21.4%。

1.4.3 钙钛矿太阳能电池的结构及工作原理

钙钛矿太阳能电池结构自上而下由五部分组成的：透明导电玻璃（TCO）、电子传输层（ETL）、钙钛矿光吸收层、空穴传输层（HTL）和金属电极。最典型的电池结构为FTO/TiO_2/perovskite/Spiro-MeOTAD/Au，如图1.11（a）所示。

透明导电电极主要是在玻璃或柔性聚合物基底（PET、PEN等）上沉积透明导电氧化物（TCO），包括FTO、ITO、AZO等。其中FTO的功函在4.4 eV附近，与常用的电子传输材料的费米能级（–4.0 eV附近）匹配较好，此外FTO薄膜还具有耐高温（< 500℃）和耐化学腐蚀等优点，因此在钙钛矿太阳能电池中的应用最广泛。但是FTO的透光性相对偏低（一般可见光透过率在80%～90%），且表面粗糙度较大（>10 nm），因此，可以用透光性较好且表面粗糙度较小的ITO代替，尤其是在平面型钙钛矿太阳能电池中。金属电极是在器件组装的最后通过真空热蒸发的方法制备的金属薄膜。正式结构中一般用功函较大的Au作为阳极，反式结构中一般用功函较小的Ag或Al作为阴极。碳的功函和导电性与Au接近，一般作为正式钙钛矿太阳能电池的阳极，可以极大地降低电池的成本。华中科技大学韩宏伟教授利用丝网印刷法制备了高度有序的介孔碳电极，极大地提高了钙钛矿太阳能电池的稳定性[71, 72]。钙钛矿材料作为光吸收层，常用的有$MAPbI_3$、$FAPbI_3$及相互混合或掺杂，全无机

$CsPbX_3$及无铅钙钛矿也悉数出现。不同钙钛矿材料激子束缚能不同，材料中载流子以自由载流子或者激子形式存在。

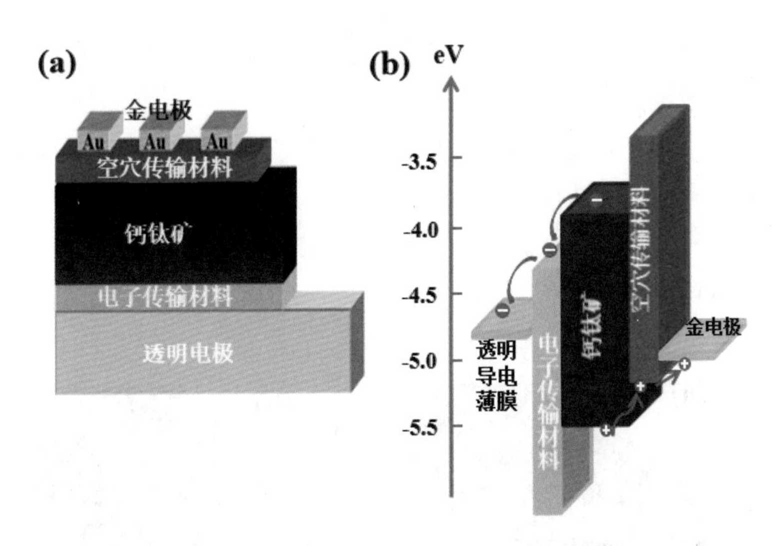

图1.11 钙钛矿太阳能电池的基本结构示意图（a）和能级匹配和工作原理示意图（b）

电子传输层位于阴极和钙钛矿吸光层之间用来传输电子，同时阻止钙钛矿中产生的载流子与FTO中的载流子复合，常用致密的TiO_2纳米颗粒，常见的还有ZnO、Ni_2O_5等[62, 63, 73–76]。反式结构中多采用富勒烯的衍生物，例如PCBM、ICBA等[77, 78]。空穴传输层，用来传导空穴和阻挡电子，位于钙钛矿层和阳极之间。无机半导体空穴传输材料使用较多的有CuI、CuSCN、NiO和氧化石墨烯等[79–84]，具有成本低廉、透光性高且稳定性较好等优点。有机空穴传输材料包括有机小分子和聚合物。常用的材料有Spiro-OMeTAD、PEDOT:PSS，芳胺类衍生物PTAA，有机聚合物P3HT为代表的聚噻吩类材料等固态空穴传输材料[85–87]。

在接受太阳光照射时，小于TiO_2带隙能量的光就会照射到钙钛矿吸收层上，此时大于钙钛矿材料带隙的光（1.5~3.2 eV）则会被吸收，产生电子-空穴对，钙钛矿材料束缚能很小，电子空穴很容易分离。然后，未复合的电子和空穴分别注入电子传输层和空穴传输层中，钙钛矿层分离的电子进入电子传输材料的导带（CB）后被FTO收集，钙钛矿层分离的空穴注入空穴传输材料中，被金属电极收集，最后，通过连接FTO和金属电极的电路而产生光电流。如图1.11（b）所示。钙钛矿材料的导带底要高于电子传输材料，而价带顶要低于空穴传输材料，这样才能使电子和空穴顺利地导出。各层中及层与层之间电子与空穴复合都会造成损失，只有将这些载流子的损失降到最低，才能有效提高电池的性能。

钙钛矿太阳能电池的发展过程中借鉴了大量其他各种电池的组成和技术，因此，存在多种结构。目前，根据其结构特点分为介孔型和平面型，钙钛矿太阳能电池如图1.12所示。其中平面型结构又分为正式和反式构型的两种钙钛矿太阳能电池（图1.13）。

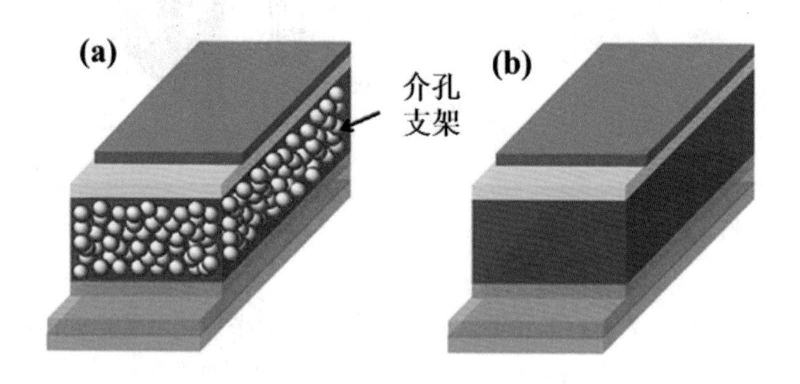

图1.12　钙钛矿太阳能电池的结构示意图

（a）介孔型；（b）平面型

介孔型钙钛矿太阳能电池是在液态敏化太阳能电池的基础上发展起来的，用固态的空穴传输材料（Hole Transport Materials，HTM）替代液态电解质，一般的结构为FTO/c-TiO_2/mp-TiO_2:perovskite/HTM/Au。2012年，Park等人利用固态的spiro-OMeTAD空穴传输材料替代电解质，将$MAPbI_3$旋涂在作为敏化剂的mp-TiO_2电极上，并用真空热蒸发法蒸镀一层Au作为背电极，组装成固态敏化介孔型钙钛矿太阳能电池，结构如图1.13（a）[88]所示。介孔型钙钛矿太阳能电池中，钙钛矿大量填充到mp-TiO_2的空隙中，不仅可以增加钙钛矿材料对光的吸收，还可以很好地阻隔空穴传输层和电子传输层的直接接触，减少电子和空穴的复合。由于钙钛矿材料的消光系数很大，因此，只需要较薄（0.2～0.6 μm）的mp-TiO_2层即可获得足够的吸光，产生较大的短路电流密度；随着厚度的增加，器件中载流子的复合增加，串联电阻增大，电池的开路电压、短路电流密度和填充因子下降，导致钙钛矿太阳能电池的能量转换效率降低。

平面型钙钛矿太阳能电池（也可称为平板型钙钛矿太阳能电池）是在介孔型结构的基础上，完全取消介孔材料，一般结构为FTO/c-TiO_2/perovskite/HTM/Au。Snaith首先提出了平面型钙钛矿太阳能电池的概念，但是由于早期溶液法制备钙钛矿薄膜的技术工艺不够成熟，使得平面型钙钛矿太阳能电池的效率明显低于介孔型结构[89]。2013年，Snaith等研究人员利用双源共蒸法制备了高质量的钙钛矿薄膜，使得平面型钙钛矿太阳能电池的效率达到15.4%[63]，证明了平面型结构也可以取得较高的性能。由于平面型结构和制备工艺简单，且可与其他电池构成叠层器件，使得平面型钙钛矿太阳能电池备受关注与青睐[90-97]。一般的钙钛矿太阳能电池的结构中，太阳光从阴极入射，通常阴极为透明的导电玻璃，阳极为高功函的惰性金属，这种结构称为正式构型；太阳光从阳极入射，通常阳极为透明的导电玻璃，阴极为不透光的金属，这种结构称为反式构型。图1.13给出了正式构型和反式构型的器件示意图。反式结构中，一般组成为ITO/PEDOT:PSS/perovskite/PCBM/C60/BCP/Al。其中，PCBM用来收集电子，C60/BCP可以在PCBM的基础上进一步钝化钙钛矿表面且可更有效的收集电子。

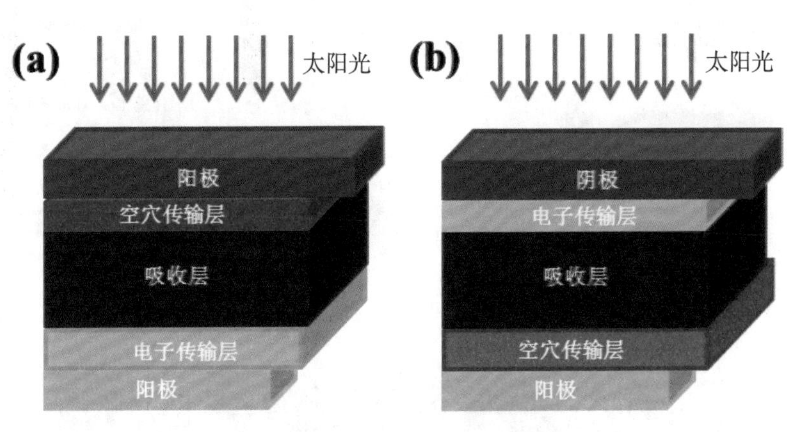

图1.13 钙钛矿太阳能电池的结构示意图

（a）反式构型；（b）正式构型

1.4.4 钙钛矿太阳能电池的制备方法

钙钛矿吸收层是钙钛矿太阳能电池中的核心部分，钙钛矿吸光层的质量是影响钙钛矿太阳能电池性能的关键因素。目前，制备钙钛矿吸光层的主要方法有：一步旋涂法、两步连续沉积法、真空沉积法和气相辅助溶液法。

一步旋涂法是将钙钛矿的溶液[包含MAX和PbX_2（X=Cl，Br，I）]利用旋涂仪直接旋涂在基底上，然后退火处理形成钙钛矿薄膜的方法，见图1.14（a）。图1.14（b）所示为两步法制备$MAPbI_3$薄膜，制备方法为：首先旋涂或蒸镀PbI_2薄膜，接着将样品浸入MAI的异丙醇（IPA）溶液中，溶液会渗入到PbI_2薄膜中，然后在100 ℃加热退火即可得到$MAPbI_3$结晶薄膜[99-102]。双源真空共蒸法如图1.14（c）所示，通过分别热蒸发$PbCl_2$和MAI粉体于FTO/TiO_2基底上，得到了均匀致密、完全覆盖的薄膜[103]。气相辅助溶液法[90]，制备方法如图1.14（d）所示，首先将PbI_2溶液旋涂在基底上，然后在其四周围放置MAI粉末，将它们在密闭的反应器中一起加热到150 ℃，反应2 h后，用IPA清洗掉样品表面的MAI，得到晶体颗粒较大、致密及覆盖率很高的薄膜[104, 105]。

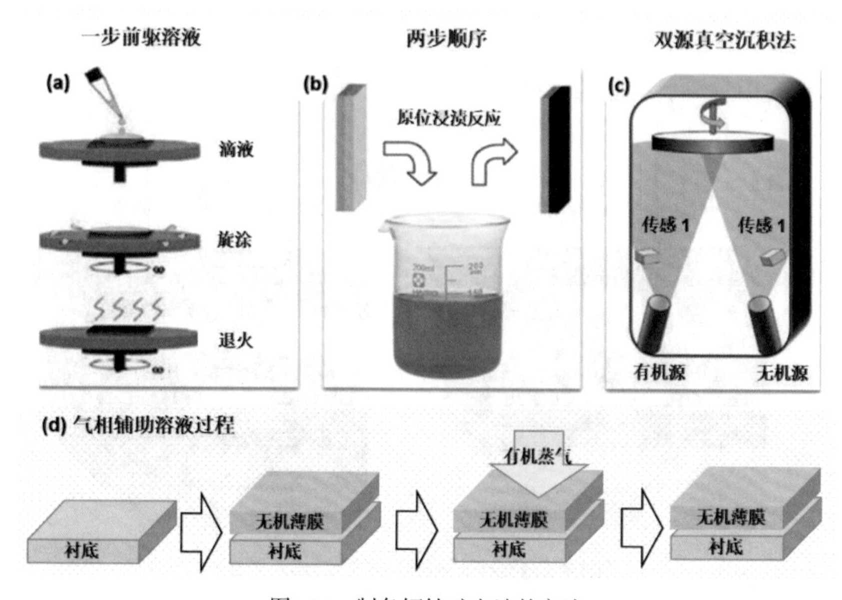

图1.14 制备钙钛矿电池的方法

（a）一步旋涂法；（b）两步连续沉积法；（c）双源真空沉积法；（d）气相辅助溶液法[98]

本章总结

本章首先介绍了太阳辐射的基础知识及太阳能资源和利用途径，其次介绍了太阳能电池的光电转换原理和特性及几种典型的太阳能电池，并着重介绍了本书即将详细探讨的硅基异质结和钙钛矿两类太阳能电池的结构和制备方法。

参考文献

[1] Jacak W, Krasnyj J, Jacak J, et al. Mechanism Of Plasmon–Mediated Enhancement of Photovoltaic Efficiency [J]. J. Phys. D: Appl. Phys., 2011, 44: 055301.

[2] Kang S B, Sharma R, Jo M, et al. Catalysis–Free Growth of III–V Core–Shell Nanowires on p –Si for Efficient Heterojunction Solar Cells with Optimized Window Layer [J]. Energies, 2022, 15: 1–10.

[3] Morgunova M O, Solovyev D A, Nefedova L V, et al. Renewable energy in the Russian Arctic: Environmental challenges, opportunities and risks[J]. Journal of Physics: Conference Series, 2020, 1565: 012086 .

[4] Bird R E, Riordan C. Simple Solar Spectral Model For Direct And Diffuse Irradiance on Horizontal and Tilted Planes at the Earth's Surface for Cloudless Atmospheres [J]. J. climate appl. Meteor., 1986, 25: 89–97.

[5] Bird R E, Hulstrom R L, Kliman A W， et al. Solar Spectral Measurements in the Terrestrial Environment [J]. Appl. Opt., 1982, 21: 1430–1436.

[6] 杨术明. 染料敏化纳米晶太阳能电池[M]. 郑州：郑州大学出版社，

2007：1–2.

[7] Zhang P, Zhu G, Shi Y, et al. Ultrafast Interfacial Charge Transfer of Cesium Lead Halide Perovskite Films $CsPbX_3$ (X = Cl, Br, I) with Different Halogen Mixing [J]. J. Phys. Chem. C, 2018, 122: 27148–27155.

[8] Fritts C. On a new form of selenium photocell [J]. Proc. Am Assoc. Adv. Sci, 1883, 33:97–100.

[9] Chapin D M, Fuller C S, Pearson G L. A New Silicon p–n Junction Photocell for Converting Solar Radiation into Electrical Power [J]. J. Appl. Phys., 1954, 25: 676–677.

[10] Abdulkadir A, Aziz A A, Pakhuruddin M Z, et al. Impact of micro-texturization on hybrid micro/nano–textured surface for enhanced broadband light absorption in crystalline silicon for application in photovoltaics [J]. Materials Science in Semiconductor Processing, 2020, 105: 104728.

[11] Yadav P, Tripathi B, Pandey K, et al. Investigating the Charge Transport Kinetics in Poly–Crystalline Silicon Solar Cells for Low–Concentration Illumination by Impedance Spectroscopy [J]. Sol. Energ. Mater. Sol. Cells, 2015, 133: 105–112.

[12] Seager C H, Ginley D S, Zook J D. Improvement of Polycrystalline Silicon Solar Cells with Grain–Boundary Hydrogenation Techniques [J]. Appl. Phys. Lett., 1980, 36: 831–833.

[13] Berge C, Zhu M, Brendle W, et al. 150–mm Layer Transfer for Monocrystalline Silicon Solar Cells [J]. Sol. Energ. Mater. Sol. Cells, 2006, 90: 3102–3107.

[14] Wild J D, Rath J K, Meijerink A, et al. Enhanced Near–Infrared Response of a–Si:H Solar Cells With B–$NaYF_4$:Yb^{3+} (18%) , Er^{3+} (2%) Upconversion Phosphors [J]. Sol. Energ. Mater. Sol. Cells, 2010, 94: 2395–2398.

[15] Ferry V E, Verschuuren M A, H. B. T. Li, et al. Improved Red–Response in Thin Film A–Si:H Solar Cells with Soft–Imprinted Plasmonic Back Reflectors [J]. Appl. Phys. Lett., 2009, 95: 183503.

[16] Ferry V E, Verschuuren M A, Lare M C, et al. Optimized Spatial Correlations for Broadband Light Trapping Nanopatterns in High Efficiency

Ultrathin Film a-Si:H Solar Cells [J]. Nano Lett., 2011, 11: 4239–4245.

[17] Kr J, Smole F, Topi M. Analysis of Light Scattering in Amorphous Si:H Solar Cells by a One-Dimensional Semi-Coherent Optical Model [J]. Prog. Photovoltaics: Res. Appl., 2003, 11: 15–26.

[18] Ren X, Zi W, Ma Q, et al. Topology and Texture Controlled ZnO Thin Film Electrodeposition for Superior Solar Cell Efficiency [J]. Sol. Energ. Mater. Sol. Cells, 2015, 134: 54–59.

[19] Zi W, Ren X, Xiao F, et al. Ag Nanoparticle Enhanced Light Trapping in Hydrogenated Amorphous Silicon Germanium Solar Cells on Flexible Stainless Steel Substrate [J]. Sol. Energ. Mater. Sol. Cells, 2016, 144: 63–67.

[20] Bauhuis G J, Mulder P, Haverkamp E J, et al. 26.1% Thin-Film Gaas Solar Cell Using Epitaxial Lift-Off [J]. Sol. Energ. Mater. Sol. Cells, 2009, 93: 1488–1491.

[21] Nakayama K, Tanabe K, Atwater H A. Plasmonic Nanoparticle Enhanced Light Absorption in Gaas Solar Cells [J]. Appl. Phys. Lett., 2008, 93: 121904.

[22] Takamoto T, Ikeda E, Kurita H, et al. Over 30% Efficient InGaP/GaAs Tandem Solar Cells [J]. Appl. Phys. Lett., 1997, 70: 381.

[23] Britt J, Ferekides C. Thin-Film CdS/CdTe Solar Cell with 15.8% Efficiency [J]. Appl. Phys. Lett., 1993, 62: 2851.

[24] Cusano D A. Cdte Solar Cells and Photovoltaic Heterojunctions in II - VI Compounds [J]. Solid-State Electronics, 1963, 6: 217–232.

[25] Romeo N, Bosio A, Canevari V, et al. Recent Progress on CdTe/CdS Thin Film Solar Cells [J]. Sol. Energy, 2004, 77: 795–801.

[26] Kaelin M, Rudmann D, Kurdesau F, et al. Low-cost CIGS Solar Cells by Paste Coating and Selenization [J]. Thin Solid Films, 2005, 480–481: 486–490.

[27] Kessler F, Herrmann D, Powalla M. Approaches to Flexible CIGS Thin-Film Solar Cells [J]. Thin Solid Films, 2005, 480–481: 491–498.

[28] Naghavi N, Spiering S, Powalla M, et al. High-Efficiency Copper Indium Gallium Diselenide (CIGS) Solar Cells with Indium Sulfide Buffer Layers Deposited by Atomic Layer Chemical Vapor Deposition (ALCVD) [J]. Prog.

Photovoltaics: Res. Appl., 2003, 11: 437–443.

[29] Li G, Shrotriya V, Huang J, et al. High–Efficiency Solution Processable Polymer Photovoltaic Cells by Self–Organization of Polymer Blends [J]. Nat. Mater., 2005, 4: 864–868.

[30] Liang Y, Xu Z, Xia J, et al. For the Bright Future–Bulk Heterojunction Polymer Solar Cells with Power Conversion Efficiency of 7.4% [J]. Adv. Mater., 2010, 22: 135–138.

[31] Xu W, Yi C, Xiang Y, et al. Efficient Organic Solar Cells with Polymer–Small Molecule: Fullerene Ternary Active Layers [J]. ACS Omega, 2017, 2: 1786 – 1794.

[32] Y. Cui, Y. Xu, H. F. Yao, et al. Single–Junction Organic Photovoltaic Cell with 19% Efficiency. Adv. Mater., 2021, 14: 2102420.

[33] Chen W, Shen W, Wang H, et al. Enhanced efficiency of polymer solar cells by improving molecular aggregation and broadening the absorption spectra [J]. Dyes and Pigments, 2019, 166: 42–48.

[34] Chiba Y, Islam A, Y. Watanabe, et al. Dye–Sensitized Solar Cells with Conversion Efficiency of 11.1% [J]. J. Appl. Phys., 2006, 45: L638–L640.

[35] Kamat P V. Quantum Dot Solar Cells. The Next Big Thing in Photovoltaics [J]. J. Phys. Chem. Lett., 2013, 4: 908–918.

[36] Yang D, Zhou X, R. X. Yang, et al. Surface Optimization to Eliminate Hysteresis for Record Efficiency Planar Perovskite Solar Cells [J]. Energ Environ. Sci., 2016, 9: 3071–3078.

[37] Yang D, Yang R, Ren X, et al. Hysteresis–Suppressed High–Efficiency Flexible Perovskite Solar Cells Using Solid–State Ionic–Liquids for Effective Electron Transport [J]. Adv. Mater., 2016, 28: 5206–5213.

[38] Yu C J, Kye Y H, Chen Q, et al. Interface Engineering in Hybrid Iodide $CH_3NH_3PbI_3$ Perovskites Using Lewis Base and Graphene toward High–Performance Solar Cells[J]. ACS Appl. Mater. Inter. 2020, 12（1）, 1858–1866.

[39] Yang D, Yang R X, Zhang J, et al. High Efficiency Flexible Perovskite Solar Cells Using Superior Low Temperature TiO_2 [J]. Energ Environ. Sci., 2015, 8:

3208–3214.

[40] Cui D, Yang Z, Yang D, et al. Color–Tuned Perovskite Films Prepared for Efficient Solar Cell Applications [J]. J. Phys. Chem. C, 2016, 120: 42–47.

[41] Yang Z, Zhang W H.Organolead halide perovskite: A Rising Player in High–Efficiency Solar Cells [J]. Chinese J. Catal., 2014, 35: 983–988.

[42] Yella A, Lee H W, Tsao H N, et al. Porphyrin–Sensitized Solar Cells with Cobalt (II/III) –Based Redox Electrolyte Exceed 12 Percent Efficiency [J]. Science, 2011, 334: 629–634.

[43] Adachi D, Hernández J L, Yamamoto K. Impact of Carrier Recombination on Fill Factor for Large Area Heterojunction Crystalline Silicon Solar Cell with 25.1% Efficiency [J]. Appl. Phys. Lett., 2015, 107: 233506.

[44] Green M A, E. D. Dunlop, J. Hohl–Ebinger, et al. Solar cell efficiency tables (Version 55) [J]. Progress in Photovoltaics: Res. and Appl.s, 2020, 28 (1) : 3–15.

[45] Mir W J, Jagadeeswararao M, Das S, et al. Colloidal Mn–Doped Cesium Lead Halide Perovskite Nanoplatelets [J]. ACS Energy Lett., 2017, 2: 537–543.

[46] Nie W, Tsai H, Asadpour R, et al. High–Efficiency Solution–Processed Perovskite Solar Cells with Millimeter–Scale Grains [J]. Science, 2017, 347: 519–522.

[47] Xiao Z, Dong Q, Bi C, et al. Solvent Annealing of Perovskite–Induced Crystal Growth for Photovoltaic–Device Efficiency Enhancement [J]. Adv. Mater., 2014, 26: 6503–6509.

[48] Niu G, Guo X, Wang L. Review of Recent Progress in Chemical Stability of Perovskite Solar Cells [J]. J. Mater. Chem. A, 2015, 3: 8970–8980.

[49] Kazmerski L,Zweibel K. Laboratory. Best Research–Cell Efficiencies [M]. 2016.

[50] You J, Meng L, Song T B, et al. Improved Air Stability of Perovskite Solar Cells via Solution–Processed Metal Oxide Transport Layers [J]. Nat. Nanotechnol., 2016, 11: 75–81.

[51] Hu Y, Bai F, Liu X, et al. Bismuth Incorporation Stabilized α –$CsPbI_3$ for

Fully Inorganic Perovskite Solar Cells [J]. ACS Energy Lett., 2017： 2219–2227.

[52] Sha W E I, Ren X, Chen L, et al. The Efficiency Limit of $CH_3NH_3PbI_3$ Perovskite Solar Cells [J]. Appl. Phys. Lett., 2015, 106: 221104.

[53] Jiang J, Jin Z, Lei J, et al. ITIC Surface Modification to Achieve Synergistic Electron Transport Layer Enhancement for Planar–Type Perovskite Solar Cells with Efficiency Exceeding 20% [J]. J. Mater. Chem. A, 2017, 5: 9514–9522.

[54] De Wolf S, Kondo M. Abruptness of a–Si:H / C–Si Interface Revealed by Carrier Lifetime Measurements [J]. Appl. Phys. Lett., 2007, 90: 042111.

[55] Goldschmidt V M, Skrifer Norske,Videnskap–Akad. Crystallography and Chemistry of Perovskites [J]. Mat.–Nat. KI, 1926, 8: 65.

[56] Sum T C, Mathews N. Advancements in Perovskite Solar Cells: Photophysics Behind the Photovoltaics [J]. Energy Environ. Sci., 2014,7:2518–2534.

[57] Pellet N, Gao P, Gregori G, et al. Mixed–Organic–Cation Perovskite Photovoltaics for Enhanced Solar–Light Harvesting [J]. Angew. Chem. Int. Ed. Engl., 2014, 53: 3151–3157.

[58] Hao F, Stoumpos C C, Chang R P, et al. Anomalous Band Gap Behavior in Mixed Sn and Pb Perovskites Enables Broadening of Absorption Spectrum In Solar Cells [J]. J. Am. Chem. Soc., 2014, 136: 8094–8099.

[59] Ogomi Y, Morita A, Tsukamoto S,et al. $CH_3NH_3SnxPb_{(1-x)}I_3$ Perovskite Solar Cells Covering up to 1060 nm [J]. J. Phys. Chem. Lett., 2014, 5: 1004–1011.

[60] Kojima A, Teshima K, Shirai Y, et al. Organometal Halide Perovskites as Visible–Light Sensitizers for Photovoltaic Cells [J]. J. Am. Chem. Soc., 131: 6050–6051.

[61] Kim H S,Lee C R, Im J H, et al. Lead Iodide Perovskite Sensitized All–Solid–State Submicron Thin Film Mesoscopic Solar Cell with Efficiency Exceeding 9% [J]. Sci. Rep., 2012, 2: 59.

[62] Liu M, Johnston M B, Snaith H J. Efficient Planar Heterojunction Perovskite Solar Cells by Vapour Deposition [J]. Nature, 2013, 501: 395–398.

[63] Jeon N J. Solvent Engineering for High–Performance Inorganic–Organic Hybrid Perovskite Solar Cells [J]. Nat. Mater., 2014, 13: 897–903.

[64] Kim Y S, Ri C H, Kim Y C, et al. Ab Initio Thermodynamic Study of PbI_2 and $CH_3NH_3PbI_3$ Surfaces in Reaction with CH_3NH_2 Gas for Perovskite Solar Cells[J]. J. Phys. Chem. C, 2022, 126: 3671–3680.

[65] Zhou H, Chen Q, Pellet N, et al. Interface Engineering of Highly Efficient Perovskite Solar Cells [J]. Science, 2017, 345: 542–546.

[66] Yang W S, Noh J H, Jeon N J, et al. High–Performance Photovoltaic Perovskite Layers Fabricated Through Intramolecular Exchange [J]. Science, 2015, 348: 1234–1237.

[67] Chen W, Wu Y, Y. Yue, et al. Efficient and Stable Large–Area Perovskite Solar Cells with Inorganic Charge Extraction Layers [J]. Science, 2015, 350: 944–948.

[68] Bi D, Tress W, Dar M I, et al. Efficient Luminescent Solar Cells Based on Tailored Mixed–Cation Perovskites [J]. Sci. Adv., 2016, 2: e1501170.

[69] Wu Y, Yang X, W. Chen, et al. Perovskite Solar Cells with 18.21% Efficiency and Area Over 1 cm^2 Fabricated by Heterojunction Engineering [J]. Nat. Energy, 2016, 1: 16148.

[70] Xu M, Y. Rong, Z. Ku, et al. Highly Ordered Mesoporous Carbon for Mesoscopic $CH_3NH_3PbI_3/TiO_2$ Heterojunction Solar Cell [J]. J. Mater. Chem. A, 2014, 2: 8607.

[71] Mei A, Li X, Liu L, et al. A Hole–Conductor – Free, Fully Printable Mesoscopic Perovskite Solar Cell with High Stability [J]. Science, 2014, 345: 295–298.

[72] Li G, Wang Y, Huang L, et al. Research Progress of High–Sensitivity Perovskite Photodetectors: A Review of Photodetectors: Noise, Structure, and Materials. ACS Appl[J]. Electr. Mater., 2022, 4（4）: 1485–1505.

[73] Wojciechowski K, Saliba M, Leijtens T, et al. Sub–150 ℃ Processed Meso–Super structured Perovskite Solar Cells with Enhanced Efficiency [J]. Energy Environ. Sci., 2014, 7: 1142–1147.

[74] Jeon N J, Lee J, Noh J H, et al. Efficient Inorganic–Organic Hybrid Perovskite Solar Cells Based on Pyrene Arylamine Derivatives as Hole–Transporting

Materials [J]. J. Am. Chem. Soc., 2013, 135: 19087–19090.

[75] Yu H, Zhang S, H. Zhao, et al. High-Performance TiO_2 Photoanode with an Efficient Electron Transport Network for Dye-Sensitized Solar Cells [J]. J. phys. Chem. C, 2009, 113: 11277–16282.

[76] Xiao Z, Bi C, Shao Y, et al. Efficient, High Yield Perovskite Photovoltaic Devices Grown by Interdiffusion of Solution-Processed Precursor Stacking Layers [J]. Energy Environ. Sci., 2014, 7: 2619–2623.

[77] Kim H B, Choi H, Jeong J, et al. Mixed Solvents for the Optimization of Morphology in Solution-Processed, Inverted-Type Perovskite/Fullerene Hybrid Solar Cells [J]. Nanoscale, 2014, 6: 6679.

[78] Christians J A, Fung R C M, Kamat P V. An Inorganic Hole Conductor for Organo-Lead Halide Perovskite Solar Cells. Improved Hole Conductivity with Copper Iodide [J]. J. Am. Chem. Soc., 2014, 136: 758–764.

[79] Qin P, Tanaka S, Ito S, et al. Inorganic Hole Conductor-Based Lead Halide Perovskite Solar Cells with 12.4% Conversion Efficiency [J]. Nat. Commun., 2014, 5: 3834.

[80] Ito S, Tanaka S, Nishino H. Lead-Halide Perovskite Solar Cells by CH_3NH_3I Dripping on PbI_2 - CH_3NH_3I - DMSO Precursor Layer for Planar and Porous Structures Using CuSCN Hole-Transporting Material [J]. J. Phys. Chem. Lett., 2015, 6: 881–886.

[81] Ye S, Sun W, Li Y, et al. CuSCN-Based Inverted Planar Perovskite Solar Cell with an Average PCE of 15.6% [J]. Nano Lett., 2015, 15: 3723–3728.

[82] Kim J H, Liang P W, Williams S T, et al. High-Performance and Environmentally Stable Planar Heterojunction Perovskite Solar Cells Based on a Solution-Processed Copper-Doped Nickel Oxide Hole-Transporting Layer [J]. Adv. Mater., 2015, 27: 695–701.

[83] Wu Z, Bai S, Xiang J, et al. Efficient Planar Heterojunction Perovskite Solar Cells Employing Graphene Oxide As Hole Conductor [J]. Nanoscale, 2014, 6: 10505–10510.

[84] Xu B, Sheibani E, Liu P, et al. Carbazole-Based Hole-Transport Materials

for Efficient Solid–State Dye–Sensitized Solar Cells and Perovskite Solar Cells [J]. Adv. Mater., 2014, 26: 6629–6634.

[85] Cheng M, Chen C, Yang X, et al. Novel Small Molecular Materials Based on Phenoxazine Core Unit for Efficient Bulk Heterojunction Organic Solar Cells and Perovskite Solar Cells [J]. Chem. Mater., 2015, 27: 1808–1814.

[86] Cai B, Xing Y, Yang Z, et al. High Performance Hybrid Solar Cells Sensitized by Organolead Halide Perovskites [J]. Energ Environ. Sci., 2013, 6: 1480.

[87] Ryu S, Noh J H, Jeon N J, et al. Voltage Output of Efficient Perovskite Solar Cells with High Open–Circuit Voltage and Fill Factor [J]. Energy Environ. Sci., 2014, 7: 2614–2618.

[88] Ball J M, Lee M M, Hey A, et al. Low–Temperature Processed Meso–Superstructured to Thin–Film Perovskite Solar Cells [J]. Energ Environ. Sci., 2013, 6: 1739.

[89] Chen Q, Zhou H, Hong Z, et al. Planar Heterojunction Perovskite Solar Cells via Vapor–Assisted Solution Process [J]. J. Am. Chem. Soc., 2014, 136: 622–625.

[90] Chavhan S, Miguel O, Grande H J, et al. Organo–Metal Halide Perovskite–Based Solar Cells with Cuscn As the Inorganic Hole Selective Contact [J]. J. Mater. Chem. A, 2014, 2: 12754–12760.

[91] Zhang T, Yang M, Zhao Y, et al. Controllable Sequential Deposition of Planar $CH_3NH_3PbI_3$ Perovskite Films via Adjustable Volume Expansion [J]. Nano Lett., 2015, 15: 3959–3963.

[92] Yella A, Heiniger L P, Gao P, et al. Nanocrystalline Rutile Electron Extraction Layer Enables Low–Temperature Solution Processed Perovskite Photovoltaics with 13.7% Efficiency [J]. Nano Lett., 2014, 14: 2591–2596.

[93] Xiao M, Huang F, Huang W, et al. A Fast Deposition–Crystallization Procedure for Highly Efficient Lead Iodide Perovskite Thin–Film Solar Cells [J]. Angew. Chem. Int. Edit., 2014, 53: 9898–9903.

[94] Ono L K, Wang S, Kato Y, et al. Fabrication of Semi–Transparent Perovskite Films With Centimeter–Scale Superior Uniformity by the Hybrid

Deposition Method [J]. Energy Environ. Sci., 2014, 7: 3989–3993.

[95] Liu D，Kelly T L. Perovskite Solar Cells with a Planar Heterojunction Structure Prepared Using Room–Temperature Solution Processing Techniques [J]. Nat. Photon., 2013, 8: 133–138.

[96] Yang D, Yang Z, Qin W, et al. Alternating Precursor Layer Deposition for Highly Stable Perovskite Films Towards Efficient Solar Cells Using Vacuum Deposition [J]. J. Mater. Chem. A, 2015, 3: 9401–9405.

[97] Gao P, Grätzel M, Nazeeruddin M K. Organohalide Lead Perovskites for Photovoltaic Applications [J]. Energy Environ. Sci., 2014, 7: 2448–2463.

[98] Liang K, Mitzi D B, Prikas M T. Synthesis and Characterization of Organic–Inorganic Perovskite Thin Films Prepared Using a Versatile Two–Step Dipping Technique [J]. Chem. Mater., 1998, 10: 403–411.

[99] Burschka J, Pellet N, Moon S J, et al. Sequential Deposition As a Route to High–Performance Perovskite–Sensitized Solar Cells [J]. Nature, 2013, 499: 316–319.

[100] Shi J, Dong J, Lv S, et al. Hole–Conductor–Free Perovskite Organic Lead Iodide Heterojunction Thin–Film Solar Cells: High Efficiency and Junction Property [J]. Appl. Phys. Lett., 2014, 104: 063901.

[101] Zhong D, Cai B, Wang X, et al. Synthesis of Oriented TiO_2 Nanocones with Fast Charge Transfer for Perovskite Solar Cells [J]. Nano Energy, 2015, 11: 409–418.

[102] Malinkiewicz O, Roldán–Carmona C, Soriano A, et al. Metal–Oxide–Free Methylammonium Lead Iodide Perovskite–Based Solar Cells: the Influence of Organic Charge Transport Layers [J]. Adv. Energ. Mater., 2014, 4: 1400345.

[103] Yang Z, Cai B, Zhou B, et al. An Up–Scalable Approach to $CH_3NH_3PbI_3$ Compact Films for High–Performance Perovskite Solar Cells [J]. Nano Energy, 2015, 15: 670–678.

[104] Ren X, Yang Z, Yang D, et al. Modulating Crystal Grain Size and Optoelectronic Properties of Perovskite Films for Solar Cells By Reaction Temperature [J]. Nanoscale, 2016, 8: 3816–3822.

第2章

晶硅异质结电池与钙钛矿电池的制备与表征设备

本章主要介绍晶体硅基异质结太阳能电池与平面型钙钛矿薄膜太阳能电池的制备及表征设备，其中用于晶体硅基异质结太阳能电池所用到的制备及表征设备包括单晶硅制绒清洗设备、PECVD薄膜沉积设备、少子寿命测试仪及傅里叶红外光谱仪，用于钙钛矿薄膜及太阳能电池的制备及表征设备包括手套箱与热蒸发联用系统、热蒸发设备、磁控溅射，表征用到的X射线衍射仪、紫外可见近红外光谱仪、薄膜厚度测量仪、原子力显微镜、场发射扫描电镜，电池的I–V测试设备、电池的量子效率测试设备、光致发光光谱、时间分辨荧光光谱。

2.1 SHJ太阳能电池，钙钛矿薄膜和量子点制备设备

2.1.1 晶体硅基异质结制备设备

（1）单晶硅清洗制绒设备

硅片制绒清洗设备（图2.1）包含多个制备的清洗槽，各酸碱槽区分明确，采用不同聚四氟乙烯（PTFE）和聚丙烯（PP）材料制作而成，其中一些可以加热控制。该清洗设备操作简单，控制系统可以设置溶液温度、清洗时间等参数，并可以设定循环、鼓泡等多种反应模式，可以用于6英寸以上单晶硅片制绒清洗。设备具有气敏报警系统，当液面过低或者清洗液实际温度高于设定值时，设备会采取自我保护措施停止加热。

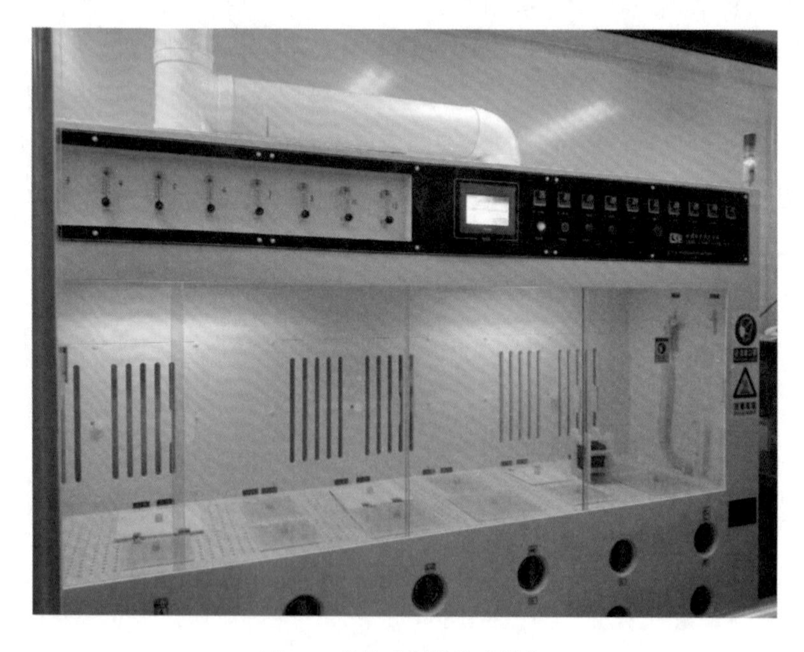

图2.1 单晶硅制绒清洗设备

（2）PECVD和PVD薄膜沉积设备

氢化非晶硅薄膜、ITO薄膜和Ag薄膜沉积设备多腔室团簇式PECVD/HWCVD/PVD磁控溅射沉积系统，如图2.2所示。沉积设备包括PECVD腔室、磁控溅射腔室、进样室和中间传输室。其中PECVD腔室主要是用来沉积本征非晶硅（i-a-Si:H）以及掺杂非晶硅层（n or p-a-Si:H），最大的沉积面积是15.6 cm×15.6 cm。溅射腔室主要是用来沉积ITO以及Ag薄膜，所有腔室均采用13.56 MHz射频进行沉积。进样腔室用于样品的进出存放，中间传输室为真空机械手的调整空间，可以将样品放进或取出相应的沉积腔室。等离子体起辉系统可通入硅烷（SiH_4）、磷烷（PH_3）、硼烷（B_2H_6）、氢气（H_2）和氩气（Ar）等通过上下电极放电进行起辉，起辉的功率从20～500 W可调。机械传送系统可准确地将基片托载的样品从等离子体腔室传送至各个沉积腔室。

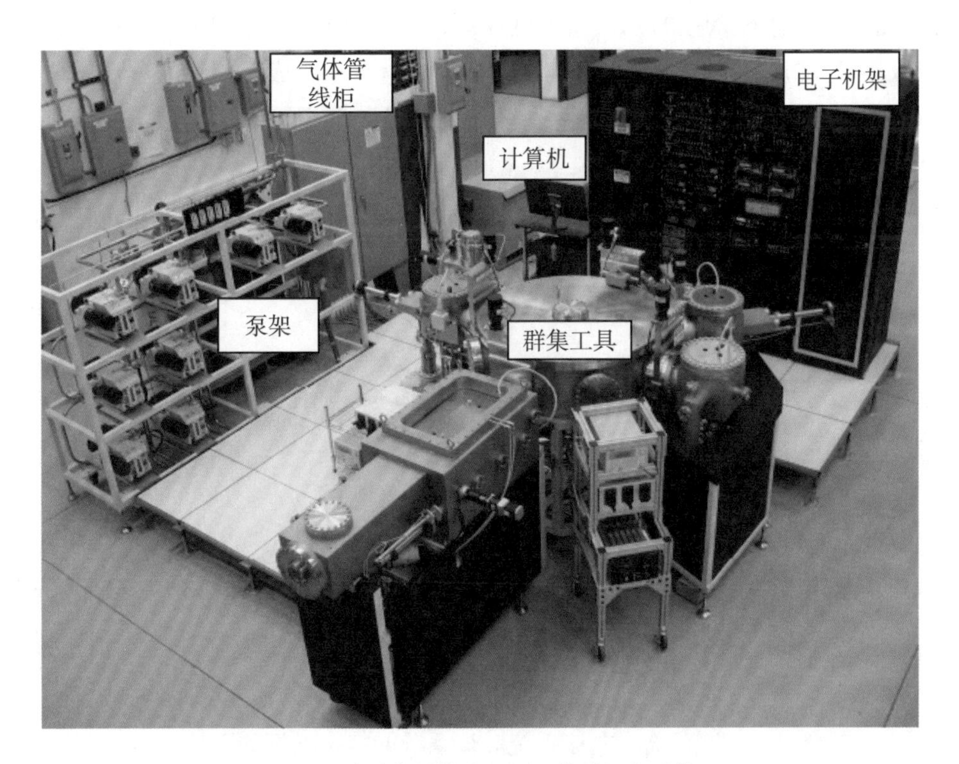

图2.2　多功能团簇式PECVD薄膜沉积系统

PECVD腔室主要包括如下几个部分：（1）加热部分，通过位于腔室外部不锈钢腔壁对衬底加热，因此加热腔壁与放样品衬底是分开的，因此腔壁温度与衬底的实际温度存在差异，需要标定实际值，加热腔设定的最大温度为500 ℃；（2）衬底部分，用来放置待沉积的玻璃、柔性不锈钢、硅片、塑料等样品，衬底与腔壁同时接地；（3）电极板，射频功率通过它馈入信号，电极板分布有均匀的小孔用来传送调配反应气体；（4）进气部分，反应气体经不锈钢管道流入反应腔室；（5）匀气盒，用来使反应气体均匀混合；（6）抽气口，把气体抽取出腔室，使腔室保持高真空及反应状态；（7）辉光区域，即等离子放电区域，在这区域反应气体电离分解，分解所得激元到达衬底上生长膜层。

非晶硅薄膜沉积时，在电极板与衬底之间加射频电场，电子会在外电场的作用下与反应气体中的硅烷分子、氢气剧烈碰撞，导致这些气体离解，高能激元会通过跃迁的方式回到低能级，会放出光子，在工艺条件一定后形成稳定的辉光放电。硅烷等离子体辉光放电沉积形成硅薄膜的过程复杂，可分为：（1）初级放电反应：电子与硅烷及氢气分子非弹性碰撞，使其电离分解，生成诸如SiH_n（n=1～3）等自由基、氢原子、氢分子以及SiH_n^+（n=1～3）离子等基元；（2）气相反应：等离子中的各种粒子相互之间散射及气相反应；（3）薄膜生长反应：上述基元在衬底表面结合生长形成薄膜。

2.1.2 钙钛矿薄膜和量子点的制备设备

（1）手套箱与热蒸发联用系统

钙钛矿薄膜和界面层及金属电极的制备常用的是真空蒸发镀膜系统，设备如图2.3所示。此系统主要由以下几部分组成：机械传送系统、等离子体起辉系统、真空有机蒸发系统、真空金属蒸发系统、溶液及薄膜制备贮存系统（手套箱）、冷却系统、电控系统。该系统的技术指标如下：

样品储存系统（手套箱）：水含量$<1\times10^{-6}$，氧含量$<1\times10^{-6}$。

真空系统：真空室从大气状态由机械泵和分子泵抽30 min后，真空度可达到5×10^{-4} Pa，放置24 h，真空度可保持在8 Pa以上，经过长时间的抽真空，极限真空可达到6×10^{-5} Pa。

图2.3　手套箱与热蒸发联用系统

（2）旋涂仪

钙钛矿太阳能电池的所有可溶性薄膜均采用旋涂仪通过旋涂的方法制备。旋涂仪中有两路气流系统：一路是将干燥空气或惰性气体通入旋涂仪的腔体中，使旋涂过程中整个腔体充满干燥空气或惰性气体；另一路是通过快速流动的气体带走样品处的气体，使样品处形成真空，起到固定样品的作用。旋涂仪可以制备直径为1～10 cm的样品，旋涂的转速1～8 000 r/min可调，可以进行多步设置，最多可储存51个步骤，可实现多步骤的连续旋涂。

2.2 SHJ太阳能电池，钙钛矿薄膜和量子点的表征设备

（1）少子寿命测试仪（Minority Carrier Lifetime Tester）

SHJ太阳能电池制备过程中，可采用WCT–120少子寿命测试仪跟踪和测量硅片的少数载流子寿命（图2.4）。采用准稳态光电导法（Quasi–Steady–State Photoconductance，QSSPC）[1,2]测量，能够测得过剩载流子浓度，可直接得出少子寿命与过剩载流子浓度的关系曲线，并且得到p/n结的暗饱和电流密度，测试结果如图2.5所示。通过WCT120可以灵敏地测试出单、多晶硅片中重金属的污染、陷阱效应以及硅片表面的复合效应等情况。

图2.4　少数载流子寿命测试仪

WCT是高效率晶体硅基太阳能电池（SHJ、PREL等）的研发生产过程中必备的检测工具。这种QSSPC测量少子寿命的方法可以在电池生产的中间任意阶段得到一个类似光照I–V曲线的开路电压曲线，可以结合最后的I–V曲

线对电池制作过程进行数据监控和参数优化。

Sinton WCT-120少子寿命测试仪性能参数：测量原理 QSSPC（准稳态光电导），通用电源电压100～240 VAC 50/60 Hz，功率要求测试仪40 W，电脑控制器200 W，光源60 W，注入范围10^{13}～10^{16} cm^{-3}，电阻率测量范围3～600（undoped）Ohms/sq，硅片厚度范围10～2 000 μm，测量样品规格标准直径：40～210 mm（或更小尺寸），感测器范围直径40 mm，外界环境温度20～25 ℃，测试模式为QSSPC，瞬态，寿命归一化分析，少子寿命测量范围 100 ns～10 ms。

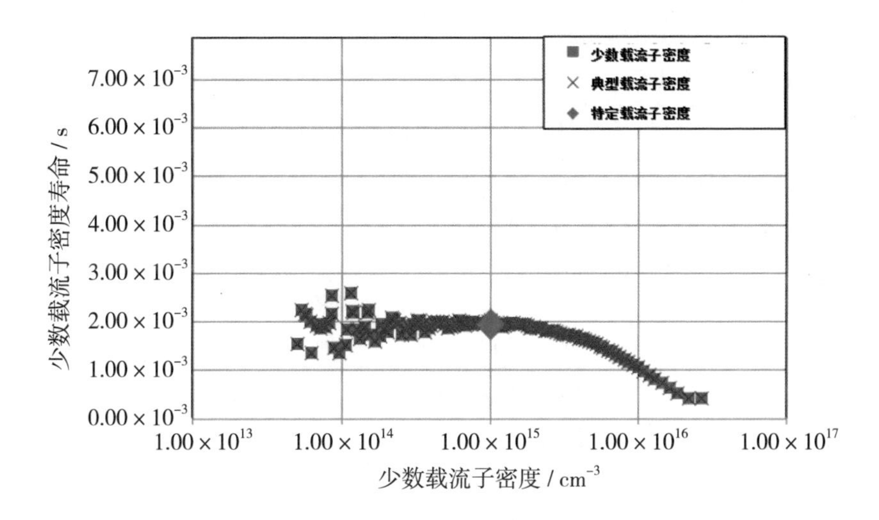

图2.5　有效少子寿命随着不同的载流子注入浓度变化

对于依靠少数载流子传输（以扩散为主）来工作的双极型太阳能电池器件，少数载流子寿命是影响器件性能的重要参量。与其相关的参量就是少数载流子扩散长度L，定义为少数载流子一边扩散、一边复合所能够走过的平均距离，L即等于扩散系数与寿命之乘积的平方根。少数载流子寿命越长，扩散长度就越大。

钝化效果的好坏可以通过比较硅片少数载流子寿命反映出来，少子寿命的高低对电池开路电压的大小影响显著。少子寿命的大小受到多种复合机制的影响，主要是载流子的复合机理（直接复合、间接复合、表面复合、Auger复合等）及其相关的问题。从大类来说有体复合与表面复合，其中体复合又包括辐射复合（Radiative Recombination）、俄歇复合（Auger Recombination）与SRH（Shockley-Read-Hall）复合，如式（2-1）所示为体寿命τ_{bulk}与这些复合之间的关系。

$$\frac{1}{\tau_{bulk}}=\frac{1}{\tau_{Auger}}+\frac{1}{\tau_{Rad}}+\frac{1}{\tau_{SRH}} \tag{2-1}$$

表面复合包括表面杂质与缺陷引起的复合以及发射极引起的复合。从而，半导体中有害杂质和缺陷所造成的复合中心（种类和数量）对于这些半导体少数载流子寿命的影响极大。

Si、Ge等半导体属于间接跃迁的材料，导带底与价带顶不在布里渊区的同一点，故电子与空穴的直接复合较困难（必须有声子等辅助方能实现—需满足载流子复合的动量守恒），因此决定的是通过复合中心的间接复合过程。对于没有表面扩散的样品（比如，氧化、氮化以及未处理的硅片），少数载流子寿命τ_{eff}是体寿命和表面寿命共同决定的结果，如式（2-2）所示。

$$\frac{1}{\tau_{eff}}=\frac{1}{\tau_{bulk}}+\frac{1}{\tau_{surf}} \tag{2-2}$$

表面寿命是与表面复合和硅片厚度有关，其表达式如式（2-3）所示。

$$\frac{1}{\tau_{surf}}=\frac{S_{front}}{W}+\frac{S_{back}}{W} \tag{2-3}$$

W代表样品的厚度，S代表硅片前后表面复合速率，表面复合速率主要由钝化质量和载流子浓度决定。为了降低表面复合速率，增长少数载流子寿命，就应该去除或者钝化硅片表面的杂质和缺陷。

（2）傅里叶显微红外光谱仪（Fourier Microscopic Infrared Spectrometer）

傅里叶显微红外光谱仪光谱范围：8 000～350 cm^{-1}；光谱分辨率>0.16 cm^{-1}；信噪比优于55 000：1（峰-峰值）；空间分辨率> 5 μm，观察样品量较少的功能纳米材料时相比常规的红外光谱可以获得更好的测量信号。

（3）紫外–可见分光光度计（UV–Vis Spectrometery）

紫外–可见光谱通过紫外–可见–近红外分光光度计上测试表征。扫描范围为175～3 300 nm，需配备150 mm的积分球。

（4）拉曼光谱仪（Raman Spectrometer）

Raman光谱可用RENISHOW in Via设备测试的激发光源为532 nm。

（5）X–射线衍射仪（XRD）

XRD表征通过X射线粉末衍射仪上进行。Cu靶，Kα射线源，$\lambda = 1.541\ 8$ Å，Ni滤波，管电流200 mA，管电压40 kV，扫描角度范围2°～20°，扫描速度：2 Theta 2°/min，扫描步长0.02°。

（6）X–射线光电子能谱仪（XPS）

XPS的测试通过X射线光电子能谱仪上完成的，以Al Kα作为激发光源，工作压强为6×10^{-6} Pa。以表面污染碳的C1s 284.8 eV线作为内标校正样品表面的荷电效应。计算表面相对原子浓度的近似公式：

$$n_i/n_j = (I_i/I_j) \times (\sigma_j \times \sigma_i) \times (Ek_i/Ek_j)^{0.5}$$

式中，n为表面原子数目；I为XPS的峰强度，以峰面积计算；σ为相对元素的相应能级的电离截面，取Scofield计算的数据，C1s = 1.00，O1s = 2.93，Cl2p = 2.285；E_k为光电子动能。$E_k = h\upsilon - BE$（Al Kα，$h\upsilon = 1\ 486.2$ eV）

（7）扫描电子显微镜（SEM）

扫描电子显微镜用来观察样品的表面形貌和界面特征，可进行喷金处理。

（8）原子力显微镜（AFM）

不导电或导电性很差的样品的表面形貌、厚度以及粗糙度等测试原子力显微镜上使用Tapping模式完成。测试的样品不做任何处理，扫描像素是512 × 512，原始数据可通过Nanoscope V5.31rl软件处理得到相应的图片。

（9）台阶仪（Stepprofiler）

样品的厚度是通过探针式膜厚测量仪（图2.6）测试得到。将样品制备成有凹凸台阶的形貌，通过测试凹凸部分的高度得到样品的厚度。

图2.6 台阶仪

（10）电流密度–电压曲线测试系统（*J*–*V* Measurement System）

太阳模拟器是模拟太阳AM1.5G光谱，可以在室内进行太阳能电池性能的测试。模拟器的辐照强度为1 000 W/m^2。如图2.7所示，模拟器通常是使用氙灯加上过滤镜、辅助光源等措施模拟标准的太阳的光谱。依据国际标准IEC 60904–9定义，从太阳光谱的匹配程度、光谱不稳定性以及光谱辐照不均匀性三个方面来定义模拟器的等级，每个方面可以分为A、B、C三个等级范围，其中最高级模拟器为3A级，如表2.1所列太阳模拟器性能的分类。

常用模拟器为稳态模拟器，如图2.7所示，辐照强度为100 mW/cm^2，为3A级模拟器。使用模拟器测试电池的性能时，电池的V_{OC}及FF值通过温度修正后测量结果是准确可信的，而电池的J_{SC}由于电池的面积及模拟器的光谱差异通常是不准的，需要使用外量子效率测量的结果进行修正。

图2.7　太阳光模拟器

表2.1　模拟器性能分类

类别	Class A	Class B	Class C
光谱匹配度	0.75～1.25	0.6～1.4	0.4～2.0
光谱辐照不均匀性	≤±2%	≤±5%	≤±10%
光谱不稳定性	≤±2%	≤±5%	≤±10%

（11）量子效率测试系统（IPCE System）

图2.8　量子效率测试仪

如图2.8所示为量子效率测试。利用与标准硅探测器进行比较测量得到电池的外量子效率。太阳能电池的光谱响应与入射光子的能量有很大的关系，为此，引入了量子效率*QE*来表征电池的光谱响应与入射光子能量之间的关系。电池的量子效率其描述的是太阳能电池对不同能量的光子的响应强弱。量子效率从另一个角度反映了电池的性能，通过对量子效率的分析，有助于了解半导体材料的质量、工艺以及电池的结构等因素对电池性能的影响，对于太阳能电池的制备具有非常重要的意义。

（12）稳态荧光（PL）和时间分辨荧光（TRPL）测试仪

稳态和时间分辨荧光的测试是在荧光光谱仪上完成的。稳态和瞬态荧光测试时，根据需要选用325 nm、375 nm、510 nm半导体脉冲激光器作为激发源，脉冲宽度可调。时间分辨荧光采用时间相关单光子计数方法得到。所有测试均是采用4096通道的分析仪在大气气氛下完成。

（13）电化学阻抗谱仪（EIS）

阻抗测试可通过电化学工作站完成，测试均在暗态下完成。通过外加反向偏压进行分析测试，所加偏压以及测试频率需根据电池的具体情况确定。所得的阻抗图谱选择合适的等效电路图使用Zview软件进行拟合。

本章总结

本章主要介绍晶体硅基异质结太阳能电池与平面型钙钛矿薄膜太阳能电池的制备及表征设备，其中用于晶体硅基异质结太阳能电池所用到的制备及表征设备包括单晶硅制绒清洗设备、PECVD薄膜沉积设备、少子寿命测试仪及傅里叶红外光谱仪，用于钙钛矿薄膜及太阳能电池的制备及表征设备包括手套箱与热蒸发联用系统、热蒸发设备、磁控溅射，表征用到的X–射线衍射仪、紫外可见近红外光谱仪、薄膜厚度测量仪、原子力显微镜、场发射扫描电镜，电池的*I–V*测试设备、电池的量子效率测试设备、光致发光光谱、时间分辨荧光光谱。

参考文献

[1] Sinton R A，Cuevas A. Contactless Determination of Current - Voltage Characteristics and Minority-Carrier Lifetimes in Semiconductors From Quasi-Steady-State Photoconductance Data [J]. Appl. Phys. Lett., 1996, 69: 2510.

[2] Hameiri Z, Rougieux F, R. Sinton, et al. Contactless Determination of the Carrier Mobility Sum in Silicon Wafers Using Combined Photoluminescence and Photoconductance Measurements [J]. Appl. Phys. Lett., 2014, 104: 073506.

第3章

a-Si/c-Si异质结太阳能电池制备与性能优化

a-Si/c-Si异质结（Silicon Heterojunction）太阳能电池，简称SHJ太阳电池，其原理是在非晶硅薄膜与晶体硅界面插入一层本征非晶硅缓冲层，利用这个缓冲层将掺杂非晶硅层与晶体硅层隔开，对p/n界面钝化，降低界面复合损失，提高效率。这种新颖结构与传统的高温扩散法制备的p/n结结构有很大的差别，它结合了晶体硅电池（第一代电池）高效率、高稳定性和非晶硅电池（第二代）低成本、低温工艺的优点，该技术最早由日本三洋电气公司于20世纪90年代初提出，经过多年的研发已经大规模商业化生产。目前，国内隆基硅业报道的传统SHJ结构最高效率为26.3%，量产平均效率约为24.5%，高出传统晶体硅太阳能电池效率。在我国，高效率SHJ太阳能电池同样经历着快速的发展，其生产技术和装备不断突破，逐步接近于国际先进水平。关键设备和原材料逐步实现国产化，大幅降低生产成本的潜力和空间巨大。本章详细介绍提高SHJ太阳能电池性能的关键技术及影响因素，内容如下：首先是制绒清洗研究，金字塔尺寸的大小及均匀性不仅影响清洗的好坏，而且也对非晶硅薄膜的钝化有很大影响[1, 2]；其次是本征非晶硅薄膜对硅片的钝化研究，钝化质量的好坏直接决定少数载流子寿命，进而影响开压的大小[3, 4]；最后是降低p层非晶硅及ITO薄膜的寄生吸收研究[5–8]，可以减少复合损失，提高短路电流。

3.1 SHJ异质结太阳能电池制备

3.1.1 材料介绍

常用的单晶硅片（c-Si）为n型，（100）晶面，电阻率约1～5 Ω·cm，面积180 mm×180 mm，厚度100～180 μm，体寿命大于10 ms，常见的硅片厂家有卡姆丹克有限公司和隆基股份有限公司。

硅片清洗需电阻率接近电阻率约18.2 MΩ·cm超纯水（H_2O），制绒所需的药品包括氢氧化钾（KOH）、过氧化氢（H_2O_2）、异丙醇（$CH_3CHOHCH_3$）、盐酸（HCl）、硝酸（HNO_3）、氢氟酸（HF）等。最好使用优级纯国药试剂。

3.1.2 SHJ太阳能电池的结构及制作流程

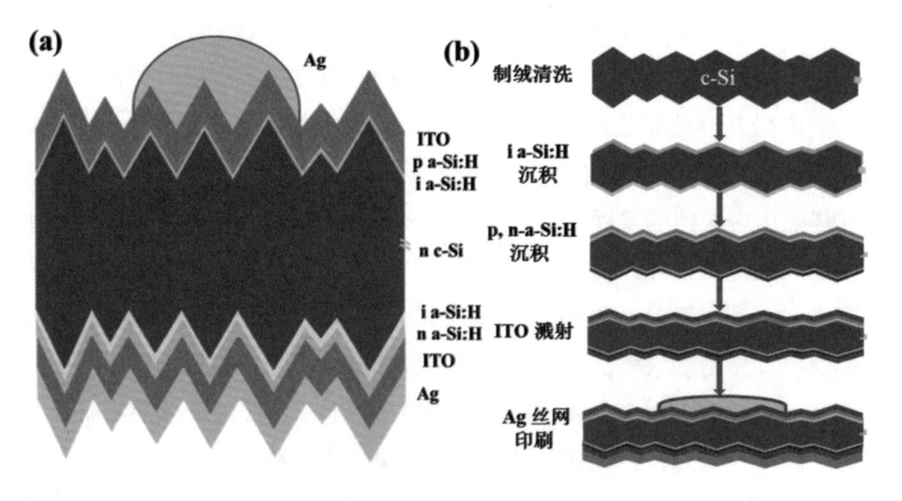

图3.1 SHJ太阳能电池的结构及制作流程

（a）结构；（b）制作流程

图3.1（a）为a-Si:H/c-Si异质结（SHJ）电池结构示意图。电池的结构从上到下依次是：Ag电极/ITO/p-a-Si:H（10 nm）/i-a-Si:H（6 nm）/n-c-Si（180 μm）/i-a-Si:H（6 nm）/n-a-Si:H（10 nm）/ITO（80 nm）/Ag电极（500 nm）。Ag电极厚度约500 nm，透明导电层ITO薄膜厚度约80 nm，p型或n型非晶硅薄膜p（n）-a-Si:H厚度约10 nm，本征非晶硅i-a-Si:H薄膜厚度约5 nm，n型单晶硅片n-c-Si厚度约180 μm。具体步骤为：如图3.1（b）所示，以n型单晶硅片为基底，双面碱刻蚀制绒清洗后，前后表面沉积本征氢化非晶硅（i-a-Si:H）和p型及n型掺杂非晶硅薄膜（p or n-a-Si:H）分别作为发射层和背表面场层，然后双面沉积透明导电薄膜ITO，最后制备Ag栅线电极形成电池。

单晶硅片清洗制绒所用溶液及配比参数如表3-1所示。具体过程如下：

（1）首先将未处理的硅片放入由氨水和双氧水组成的混合溶液中进行预清洗，硅片在鼓泡清洗10 min后，表面的油性物质被氧化后溶解去除，随后将预清洗以后的硅片放入热的超纯水中进行清洗。

（2）将硅片放入浓度为20%的浓碱溶液中进行去损伤层和去硅片表面切痕的处理，以去除硅片表面的微裂纹来减少硅片的复合损失，溶液温度为80 ℃，将硅片放入30 s后即取出，随后放入热的超纯水中进行鼓泡清洗。

（3）将去损伤层的单晶硅片放入制绒槽中，根据需要调整制绒剂的含量、制绒时间、制绒剂添加量、碱溶液含量对金字塔尺寸和晶硅表面反射率调节。然后用超纯水鼓泡清洗。

（4）将制绒后的硅片用氮气吹干，然后放入硝酸和氢氟酸的混合溶液中进行化学抛光处理30 s。然后用热的超纯水鼓泡清洗。

（5）将化学抛光处理后的硅片放入双氧水和盐酸的混合溶液中去除硅片表面的金属离子和氧化层，然后用热的超纯水鼓泡清洗。

（6）再次进行氨水和双氧水的混合液清洗，清除晶硅表面的杂质和污染物，然后用热的超纯水鼓泡清洗。

（7）最后进入稀释的氢氟酸中去除氧化层进行钝化，完成硅片的清洗。

本征非晶硅（i-a-Si:H）以及掺杂非晶硅层（n or p-a-Si:H）采用PECVD沉积方法分解SiH_4、H_2、PH_3和B_2H_6等气体制备。通过优化沉积气压、腔室温度、沉积功率、极板间距、气体流量和沉积时间，获得不同性质的本征非晶硅（i-a-Si:H）以及掺杂非晶硅层（n or p-a-Si:H）薄膜。氧化铟锡（ITO）薄膜采用PVD射频磁控溅射方法制备，利用Ar（O_2）等离子体，轰击ITO陶瓷靶材[m（In_2O_3）：m（Sn_2O_3）=90：10]表面的原子使其脱离原晶格而逸出，并沉积到基底表面而成膜。通过优化沉积气压、腔室温度、溅射功率、气体流量和沉积时间，获得不同导电率和透过率下的ITO薄膜。电池表面的金属栅线电极采用丝网印刷方法制备。

3.1.3 a-Si:H/c-Si界面和太阳能电池的表征

可通过台阶仪用来检测薄膜的厚度，从而确定薄膜的沉积速率。制绒的硅片表面形貌和截面图片是用场发射扫描电子显微镜表征的。Siton WCT120用来测试硅片少子寿命。使用太阳模拟器可搭载数字源表在AM 1.5的条件下测试电流密度-电压（J–V）曲线，光强为1 000 W/m^2，测试前用标准单晶硅电池校准光强。薄膜的暗态饱和电流可用是用数字源表在黑暗环境下测试得到的。

表3.1 单晶硅制绒清洗参数

步骤	清洗	辅助	清洗液	时间/s	温度/℃
1	预清洗	鼓泡	NH_4OH+H_2O_2+H_2O（1：4：25）	600	75
2	热水洗	鼓泡	超纯水	600	70
3	去损伤	循环+鼓泡	KOH（20 wt %）	30	80
4	热水洗	鼓泡	超纯水	600	70
5	制绒	循环+鼓泡	KOH+制绒剂+异丙醇+纯水（500 g+25 mL+200 mL+8 L）	1 800	80
6	热水洗	鼓泡	超纯水	600	70

续表

步骤	清洗	辅助	清洗液	时间/s	温度/℃
7	CP刻蚀	鼓泡	HNO_3+HF（3：1）	60	RT
8	热水洗	鼓泡	超纯水	600	70
9	SC2	鼓泡	H_2O_2+HCl +H_2O（1：1：10）	450	70
10	水清洗	鼓泡	超纯水	600	70
11	SC1	鼓泡	NH_4OH+H_2O_2+H_2O（1：4：25）	600	75
12	水清洗	鼓泡	超纯水	600	70
13	HF钝化	鼓泡	HF（5%）	50	RT
14	水清洗	鼓泡	超纯水	600	RT

3.2　电池分析

3.2.1　制绒和清洗后单晶硅表面织构表征

通过扫描电子显微镜（SEM）可对制绒后的硅片表面金字塔形貌表征，对其反射率进行测试，以获得最佳的绒面结构。金刚线切割导致其表面留有痕迹和产生损伤层，图3.2（a）通过扫描电子显微镜可以清楚地观察到硅片表面的切痕损伤区和微裂纹。利用浓碱刻蚀可消除单晶硅片表面的往复纹，图3.2（b）所示为采用浓度为20%的氢氧化钾（KOH）去除硅片表面损伤层。经过表面腐蚀后，硅片的单面厚度会减少5～10 μm，完全去除损伤层后硅片的表面变得光滑，其界面的缺陷态密度也明显降低。

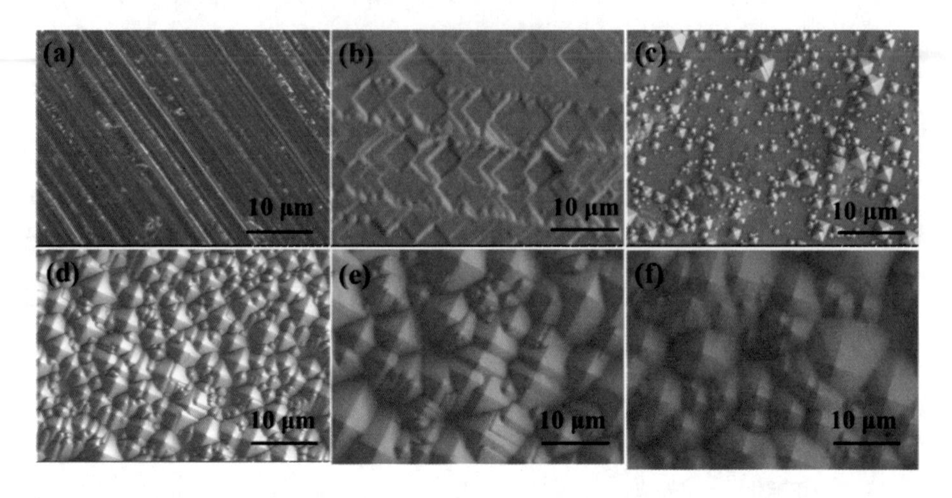

图3.2 （a）金刚线切割后的硅片表面；（b）去除损伤层后硅片表面；（c）0.5% KOH制绒所得的硅片表面；（d）2% KOH制绒所得的金字塔表面；（e）6% KOH制绒所得的金字塔织构的硅片表面；（f）化学抛光后金字塔织构表面

采用低浓度的氢氧化钾（KOH）对硅片表面刻蚀，由于碱刻蚀各向异性，可以形成特殊的金字塔绒面结构，减少表面反射并达到陷光的目的，同时减少界面复合损失；有效的绒面结构使得入射光在表面进行多次反射和折射，改变了入射光在硅中的前进方向，延长了光程，产生了陷光作用，从而增加了光生载流子[48-51]。通过对硅片制绒的条件，包括碱浓度、溶液温度、刻蚀时间及制绒添加剂量进行系统研究，结果表明碱浓度是影响金字塔大小的决定因素。图3.2（c）、图3.2（d）和图3.2（e）分别为浓度0.5%、2%、6%的KOH对硅片表面刻蚀30 min所得结果。可以看出当KOH浓度为0.5%时，硅片表面刻蚀不均匀，未得到完全覆盖的金字塔表面；采用浓度为2%的KOH刻蚀所得的金字塔大小均匀，但金字塔的平均尺寸较小，介于1～3 μm；当KOH浓度为6%时刻蚀所得的金字塔平均尺寸介于5～8 μm。通过对硅片表面的金字塔进一步进行圆滑处理，使得金字塔的塔尖变得圆滑有利于非晶硅薄膜的沉积和避免尖端放电现象的出现。图3.2（f）所示为采用HF/HNO_3混合溶液对金字塔表面的酸刻蚀处理（CP），由于各向同性刻蚀，金字塔表面光滑圆润、粗糙度小，均匀性提高，金字塔大小5～8 μm，有利于后续非晶硅薄膜的均匀沉积，提高钝化性能，从而获得更好的电池性能。

硅片绒面结构对硅片反射率有很大影响，将6% KOH浓度下制绒30 min的硅片进行反射率测试，通过对未刻蚀及CP刻蚀后的硅片反射率对比，结果显示，相对于未制绒的硅片，制绒后的硅片反射率有较大的降低，波长在450～1000 nm反射率从35% ± 2%降低到接近10% ± 2%。如图3.3（b）显示不同金字塔尺寸的硅片经RCA技术清洗经HF钝化后的少子寿命测试结果，从中可以发现当金字塔尺寸较大时获得的少子寿命较大，说明清洗效果更好，有利于提高非晶硅钝化质量。

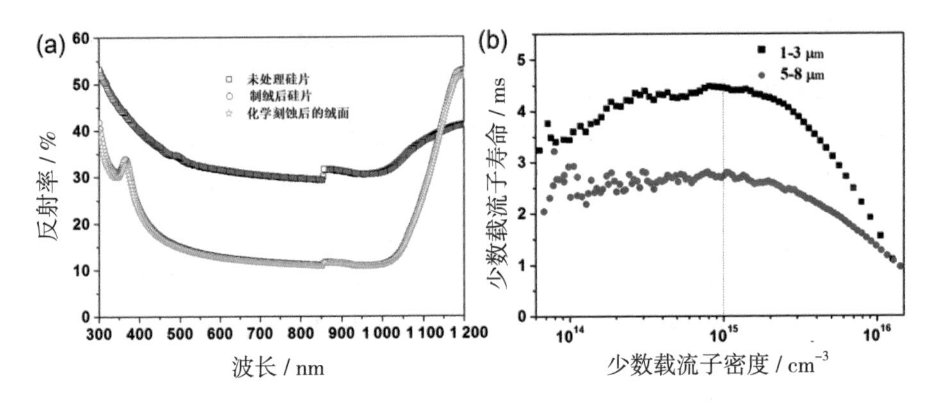

图3.3 （a）制绒前和制绒后晶体硅片的反射率；（b）不同金字塔大小晶体硅片清洗后少子寿命

3.2.2　a-Si/c-Si界面性能表征

在晶体硅太阳能电池的制作过程中，良好的表面钝化质量对降低表面缺陷态密度至关重要。在晶体硅电池中通过在电池表面沉积氧化硅（SiO_x）、氮化硅（SiN_x）以及氧化铝（Al_2O_3）等薄膜[3, 8, 9]来实现对电池表面的钝化[10, 11]，除此之外也用氢等离子体预处理来对硅片表面钝化[12]。对于SHJ太阳能电池，通过在洁净的硅片表面沉积厚度几个纳米的本征非晶硅（i-a-Si:H）或者本征非晶氧化硅（a-SiO_x）薄膜进行钝化，降低SHJ太阳能电池的表面缺陷，减少复合损失。通过瞬态微波光电导衰减法测量钝化后硅片的少子寿命可以间接反映出界面缺陷态密度的大小。

非晶硅薄膜的沉积采用PECVD技术，在双面制绒后的单晶硅片两面先后沉积约5 nm厚的本征非晶硅（i-a-Si:H）薄膜来钝化硅片表面的缺陷，提高硅片的少数载流子寿命和扩散长度。本节主要介绍基底温度、腔室气压、沉积功率、硅烷（SiH_4）与氢气（H_2）的流量比对硅片钝化质量的影响。

沉积气压不仅影响等离子体对硅片表面的离子轰击，也影响薄膜的沉积速率与均匀性。在其他工艺条件不变的条件下，通过改变压强沉积不同的非晶硅薄膜，当沉积气压较低时难以起辉，而且薄膜很不均匀。当沉积气压过大时，由于沉积气压过高，会导致有硅粉产生，影响成膜质量。在合适的沉积气压范围内，可获得高质量非晶硅薄膜，如图3.4（a）所示，随着沉积气压的提高，少子寿命逐渐升高，最高可以达到3 ms，主要的原因是随着沉积压力的升高，等离子对硅片表面的轰击减少，提高了硅片表面的钝化效果，好的钝化效果可使少子寿命超过5 ms；另一方面随着沉积压力的升高，非晶硅薄膜的沉积速度升高，这有利于抑制非晶硅在硅片表面晶化，提高钝化的效果。

不同功率下所得非晶硅薄膜对硅片少子寿命也有很大影响。图3.4（b）结果显示随射频功率从10 W增加到40 W，少子寿命持续增加，当射频功率达到40 W时，少子寿命最大可达到3 ms。主要的原因是随着功率升高，反应基元量增加，沉积速率增加，可以有效抑制晶体硅的外延生长。当射频功率超过40 W以后，少子寿命随着射频功率的增加而迅速减少，主要的原因可能是当功率增大，沉积基元的能量升高，非晶硅薄膜在晶硅上面容易外延生长而结晶，最终导致钝化质量变差。在沉积本征非晶硅薄膜时，通常使用H_2稀释SiH_4，主要的原因是产生的氢等离子体可以对硅片表面进行处理，不仅可以去除硅片表面残留的氧化物和氟化物，而且由于H原子的钝化作用，可以提高非晶硅薄膜对晶体硅表面的钝化质量[13, 14]。在其他条件不变的前提下，对本征非晶硅薄膜沉积的氢稀释度钝化后的少子寿命如图3.4（d）所示。随着硅烷/氢气比的增加，硅片的少子寿命先增大后减小，当SiH_4与H_2流量分别为20 sccm和30 sccm，流量比为2：3时，获得了最高的少子寿命。主要的原因是在低氢稀释比之下，随着氢稀释度的增大，非晶硅薄膜质量变好，钝化质量增加。但是当氢稀释度超过1.5时，过量的氢原子容易使非晶硅外延生长，从而降低硅片的少子寿命。

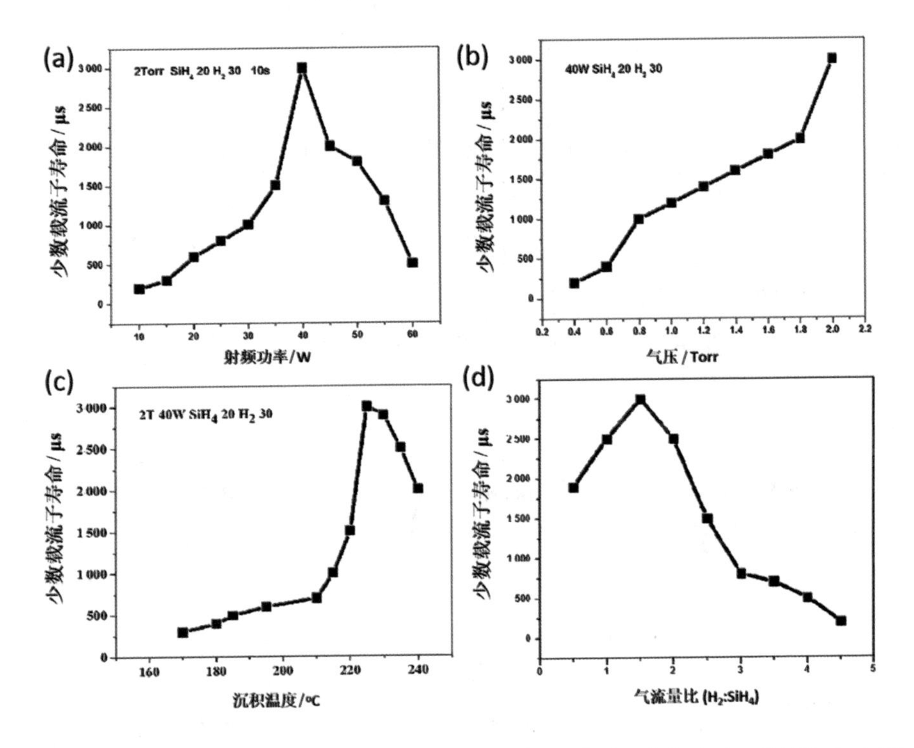

图3.4　本征非晶硅钝化后的硅片少子寿命随沉积气压（a）、功率（b）、硅氢比（c）和沉积温度（d）的变化关系

对于本征非晶硅薄膜的沉积来说，基底温度对非晶硅膜层的质量有较大的影响，图3.4（d）为非晶硅沉积温度对少子寿命的影响。从中可以看出，当沉积温度从170 ℃升高到240 ℃时，硅片的少子寿命随着沉积温度升高而升高，但是当沉积温度超过220 ℃时，少子寿命开始下降，可能的原因是，当沉积温度更高时，沉积的非晶硅薄膜很容易在硅片表面结晶，从而降低硅片的少子寿命。

对于本征非晶硅薄膜，当Si–H键含量较高而Si–H_2键含量较低时，薄膜结构致密无空洞结构，才能具有良好的钝化性能，这是获得高效的异质结电池性能的关键因素。本征氢化非晶硅薄膜性质，包括薄膜中的Si–H键的构型及分布情况，可以通过傅里叶红外吸收光谱表征。非晶硅薄膜Si–H_n（n=1～2）[15, 16]的伸缩膜对应在1 900～2 200 cm^{-1}范围内的红外吸收峰。通过高斯拟合可以得到该波数范围内的红外光谱两个拟合峰，其中位于2 000 cm^{-1}左右的是Si–H键，2 100 cm^{-1}左右的为Si–H_2键和（Si–H）$_n$键。定义微观结构参数R，$R=I_{2100}/(I_{2000}+I_{2100})$，其中$I_{2000}$和$I_{2100}$分别为峰位在2 000 cm^{-1}和2 100 cm^{-1}左右红外吸收峰的积分吸收强度，R值可以用来评判硅薄膜的微观结构质量。R越小表明氢化非晶硅薄膜中的H原子主要以Si–H键的形式存在，这种结构对应的非晶硅薄膜越致密，空洞少。R越大，表明氢化非晶硅薄膜中，H原子更多的形式以Si–H_2键或（Si–H）$_n$键合方式存在，这种薄膜结构疏松，包含较多的空洞和缺陷，网络结构较差，不适合用于异质结电池中单晶硅片的钝化。

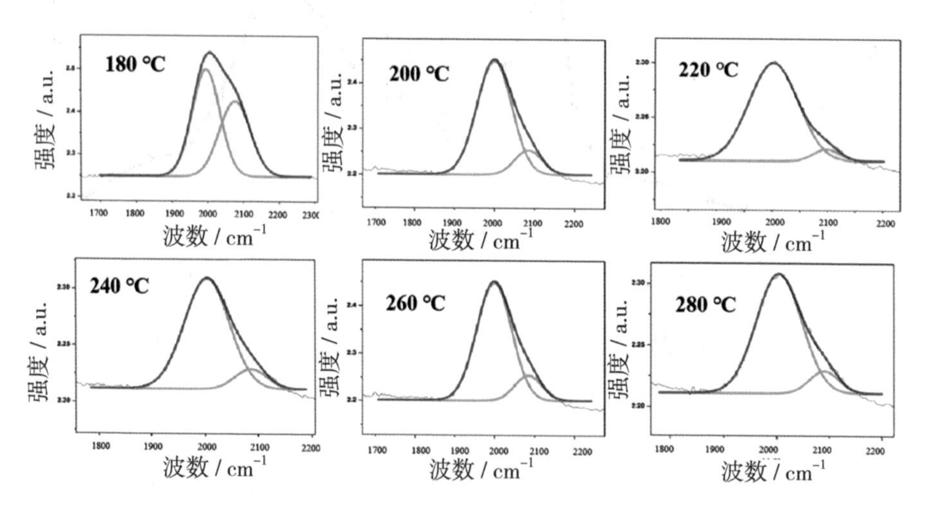

图3.5 本征非晶硅薄膜（50 nm）的傅里叶红外光谱随沉积基底温度的变化关系

图3.5所示为不同温度下沉积的氢化非晶硅薄膜的傅里叶红外的吸收谱，可以发现随着衬底温度的升高，2 100 cm^{-1}左右的为Si–H_2键和（Si–H）$_n$物种的吸收峰越来越弱，微观结构参数R的值越来越小，说明随着温度的升高

非晶硅薄膜中的H原子主要以Si–H键的形式存在，这种结构越致密。当温度为220 ℃时，R达到最小值，对应上述220 ℃所得薄膜最高少数载流子寿命。因此，合适沉积温度对本征非晶硅薄膜的品质至关重要。

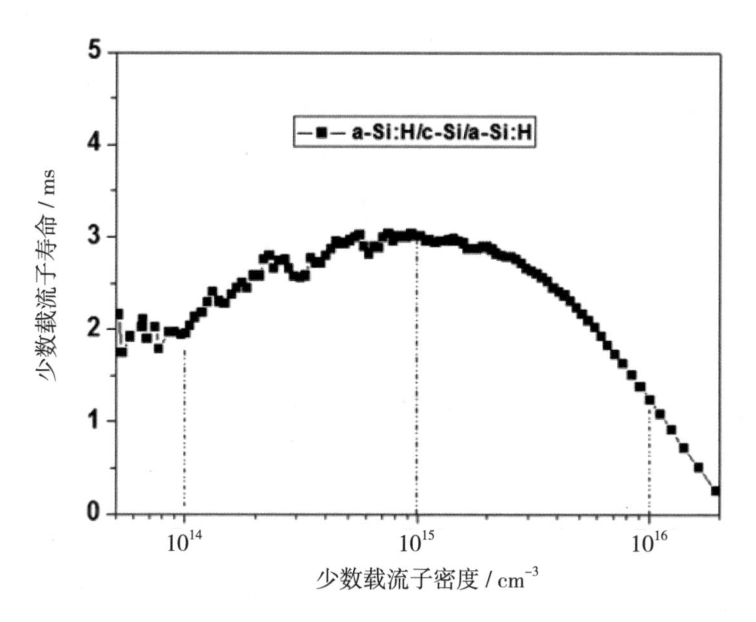

图3.6　本征非晶硅薄膜（6 nm）双面钝化硅片的少子寿命与注入载流子浓度的关系图

非晶硅薄膜双面钝化后硅片的结构对称，则式（2–3）钝化后硅片前后表面复合速率相等，即$S_{front} = S_{back}$，因此公式可进一步简化为式（3–1）

$$\frac{1}{\tau_{eff}} = \frac{S_{front}}{\tau_{bulk}} + \frac{2S_{eff}}{W} \tag{3-1}$$

实验采用的硅片经刻蚀清洗后，厚度W约180 μm, 假定$\tau_{bulk} = \infty$，依据式（3–1）和图3.6所示的不同注入载流子浓度下的少子寿命，可以得到如表3.2所示的钝化结果。计算可得6 nm非晶硅薄膜对硅片钝化后，当载流子注入浓度为1×10^{15} cm^{-3}时，界面复合速率降低为2.1 cm/s。

表3.2 不同载流子浓度注入下双面钝化硅片的少子寿命和表面复合速率。

TypeMCD / cm^{-1}		1×10^{14}	1×10^{15}	1×10^{16}
a–Si:H/c–Si/a–Si:H	τ_{eff} / ms	1.96	3.08	1.05
	S_{eff} /(cm/s)	3.1	2.1	6.3

因此薄膜钝化需对非晶硅本征薄膜工艺进行一系列的优化，以此获得最高少数载流子寿命，实际上钝化工艺窗口很窄，不同型号设备有不同的工艺窗口，通过调整温度、压强、功率、SiH_4和H_2流量等沉积条件最终可获得硅片表面高质量钝化。

3.2.3 发射层p型非晶硅和ITO透明导电薄膜的寄生吸收

获得高性能的SHJ太阳能电池需要降低电池里的寄生吸收，减少光损失，提高电池的短路电流。在SHJ太阳能电池里的寄生吸收主要包括ITO薄膜的带边吸收及自由载流子吸收，本征及掺杂非晶硅层寄生吸收，以及Ag的等离子激元吸收。本节主要研究发射层和ITO薄膜寄生吸收损失，通过优化结构和薄膜性能降低寄生吸收，提高电池的光量子效率。

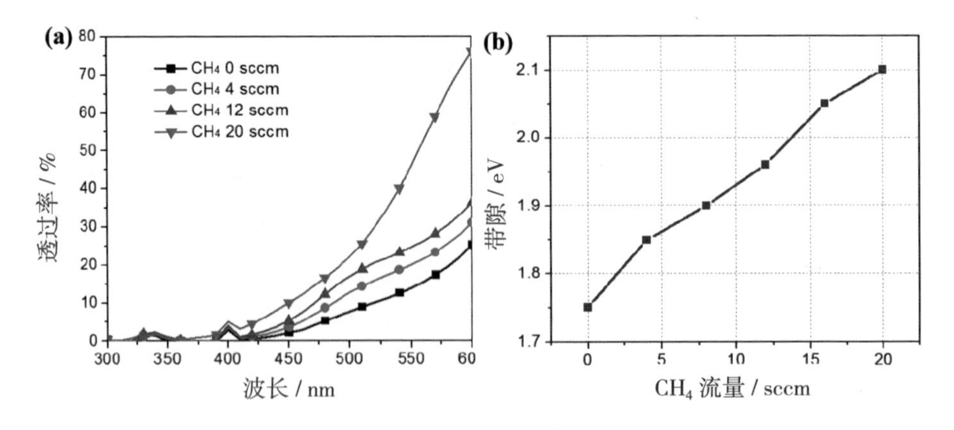

图3.7 沉积过程中CH_4流量对p–a–SiC_x薄膜透过率（a）和带隙（b）的影响

为了降低本征非晶硅薄膜寄生吸收，控制厚度约6 nm，这是能保持良好钝化性能的最薄厚度。窗口层p-a-Si薄膜厚度需要10 nm，此时整个非晶硅薄膜厚度达到16 nm，带隙只有1.7~1.8 eV，对光谱短波区具有较强的本征吸收。为了降低SHJ太阳能电池的短波吸收，可以采用宽带隙的发射极材料，例如采用a-SiC$_x$:H与a-SiO$_x$:H代替a-Si:H。可采用p-a-SiC$_x$代替p-a-Si薄膜，通过薄膜优化可获得了宽带隙的p-a-SiC$_x$，在短波具有更高的透过率。CH_4流量影响p-a-SiC$_x$薄膜透过率，如图3.7（a）所示，随着CH_4含量的增加，p-a-SiC$_x$薄膜的透过率逐渐增加。通过测量带隙发现，如图3.7（b）所示，当CH_4含量从0增加20 sccm时，带隙从1.75 eV增加到2.1 eV，与透过率结果一致。将带隙为2 eV的p-a-SiC$_x$应用在SHJ太阳能电池里作为发射极，对比p-a-Si作为发射层的EQE响应。如图3.8（a）和图3.8（b）所示，当使用p-a-SiC代替p-a-Si作为发射极，通过时域有限差分法（FDTD）模拟发现寄生吸收明显降低；而实验结果发现电池在300~600 nm的短波范围内的EQE值明显高于使用p-a-Si作为发射极时电池的EQE值。

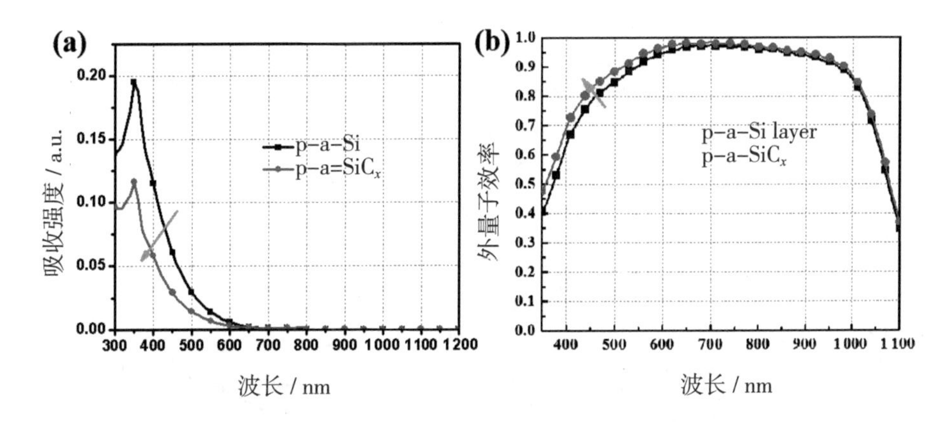

图3.8　相同厚度（10 nm）p-a-Si和p-a-SiCx薄膜吸收光谱（a）及作为发射层SHJ太阳能电池外量子效率（b）比较

ITO薄膜在SHJ太阳能电池里的寄生吸收源于带边吸收和自由载流子吸收。其中，带边吸收影响电池在短波区光吸收，而自由载流子吸收主要影响电池在长波区吸收。通过调整Ar（O_2）流量、衬底温度和溅射功率优化ITO

薄膜性质，可获得不同载流子浓度、电阻率、载流子迁移率的ITO薄膜。当保持衬底温度、气压及功率不变时，如图3.9（a）所示，随着Ar（O_2）流量从10 sccm增加到60 sccm，所得ITO薄膜载流子浓度由$6.38\times10^{20}\ cm^{-3}$降低到$1\times10^{20}\ cm^{-3}$。这是因为$O_2$流量的升高使In氧化充分，使薄膜内的氧空位减少，同时导致掺杂Sn的氧化，使载流子浓度减小，从而导电性变差。但是当Ar（O_2）流量在10～40 sccm范围内增加时，ITO薄膜的导电性较好，电阻率小于$2\times10^{-4}\ \Omega\cdot cm$，载流子迁移率先略微增大后又略减小，略微增大的原因是氧空位的减少阻碍了电子的移动，载流子迁移率维持在31 $cm^2/V\cdot s$附近。当Ar（O_2）流量超过40 sccm，载流子迁移率降低明显，迁移率减小可能是由于费米能级位置向带隙的中央移动，因此在导带底出现更多的散射中心[17]。当Ar（O_2）流量为60 sccm，载流子迁移率降到28.19 $cm^2/V\cdot s$。当Ar（O_2）流量太高时，溅射到基底上的In_2O_3受到大量氧负离子的轰击而发生分解生成低价的氧化物（InO），即In_2O_3（离子轰击）$=$ 2InO + O。同时，大量的氧负离子的轰击还可能使沉积到基底上的薄膜颗粒脱离，导致薄膜中存在大量的位错和吸附氧原子，因此较高的Ar（O_2）流量下沉积的ITO导电性变差。

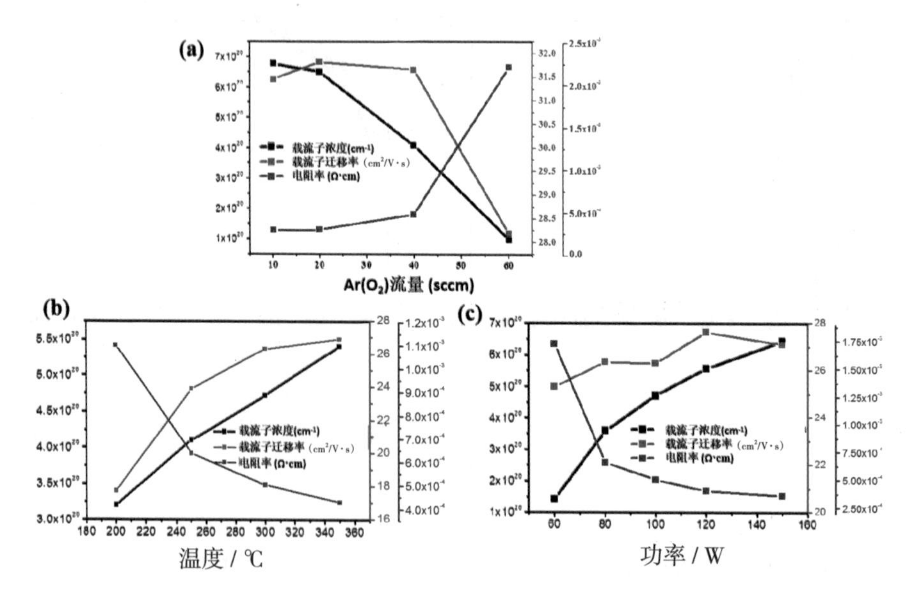

图3.9 ITO薄膜的载流子浓度、载流子迁移率及电阻率随Ar（O_2）流量（a）、温度（b）、溅射功率（c）的变化

PVD加热部分位于腔室外部，通过不锈钢腔壁给衬底进行加热，加热腔壁与衬底是分开的，因此腔壁温度与衬底的实际温度存在差异，需要进行标定，加热腔壁的最大加热温度可以达到500 ℃。溅射过程中可将设定温度从200 ℃增加到350 ℃，如图3.9（b）所示，ITO薄膜载流子的浓度及迁移率均逐渐升高，说明随着衬底温度的升高，ITO薄膜结晶性变好，提高了载流子的迁移率及浓度。由于In在In_2O_3中以正三价形式存在，施主Sn^{4+}置换氧化铟中In^{3+}后放出的一个电子和氧空位[18]。Sn^{4+}将提供一个电子到导带，相反Sn^{2+}将降低导带中电子的密度。随着温度升高，ITO有更多的Sn^{2+}被氧化成Sn^{4+}，提高了ITO薄膜的载流子浓度。在低温沉积过程中，Sn在ITO中主要以SnO的形式存在，导致较低的载流子浓度和高的电阻率。另外，SnO自身呈暗褐色致使可见光的透过率较差。高温沉积不仅能促使Sn^{2+}向Sn^{4+}转变，使薄膜更好被氧化，而且促使多余的氧从薄膜脱附出来，从而达到降低ITO薄膜电阻率，同时提高薄膜透过率的目的。优化后热电偶温度为350 ℃，腔室实际温度为200 ℃，用于ITO溅射温度。

图3.9（c）所示为其他条件固定时，不同功率下沉积的ITO薄膜的载流子浓度、载流子迁移率及电阻率随溅射功率的变化，由图可知，功率从60 W增大到80 W，薄膜的电阻率从$6.1\times10^{-4}\ \Omega\cdot cm$急剧降低到约为$2.5\times10^{-4}\ \Omega\cdot cm$，载流子浓度和载流子迁移率都逐渐升高。当功率比较低时，由于从靶上溅射到玻璃基板的基元数量和动能都很小，在基底表面具有较大的表面迁移能，从而可以与周围的氧气充分反应，致使氧空位减少和吸附氧原子的存在，导致电阻率较大。功率继续增大时，电阻率进一步降低，但当功率超过120 W后，薄膜的均匀性变差。随着功率的增加，从靶材上溅射到玻璃基底基元数量和动能都增大，相同时间薄膜厚度逐渐增大。但当功率较高时，大量的离子轰击可能使沉积到基底上的薄膜颗粒脱落，不仅致使薄膜产生大量位错，而且使薄膜与基底的附着性降低，使薄膜均匀性变差。实验结果显示，在溅射功率100 W下沉积的ITO薄膜的均匀性较好。

选择两种条件下制备的ITO薄膜应用到SHJ太阳能电池当中，电池性能会有明显改变。一种为普通的ITO，载流子浓度为$1.0\times10^{21}\ /cm^3$，而另一种为优化后的ITO薄膜，载流子浓度为$4.8\times10^{20}\ /cm^3$。把两种不同ITO薄膜应用到相同SHJ电池里，比较二者的EQE图，如图3.10所示。可以看出，低载流子浓度的SHJ电池的长波响应明显高于高载流子浓度的SHJ电池的EQE响应，说明通过使用低载流子浓度的ITO薄膜降低了ITO的自由载流子吸收，可以有效提高电池的短路电流及效率。

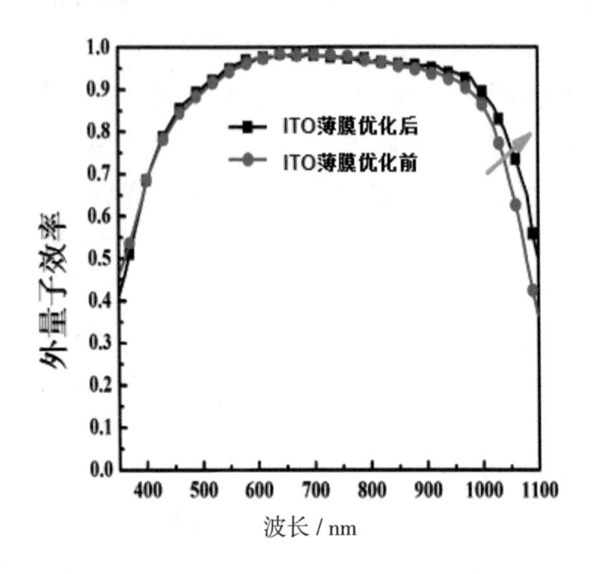

图3.10　不同载流子浓度的ITO薄膜应用到SHJ太阳能电池EQE比较

3.2.4　SHJ太阳能电池的光伏性能

图3.11所示为大面积SHJ太阳能电池的实物照片图。电极有45条副栅和两条主栅组成，电池产生的电流通过Ag栅线汇流到电池两边的电极上。图3.12所示为大面积电池的*J–V*曲线及EQE、IQE和电池表面反射率图，从*J–V*图中可以看出，大面积125 × 125 mm^{2}电池的开压为0.72 V，填充因子为76.8%，短路电流密度为38.5 mA/cm^2。如图3.11（b）所示，电池的Aperture短路电流密度经过EQE标定达到40.5 mA/cm^2，优化后电池反射率在450～600 nm波长范围内接近于0，在600～1050 nm也小于10%。

图3.11　125 × 125 mm^{2}面积 a-Si:H/c-Si SHJ太阳能电池实物图

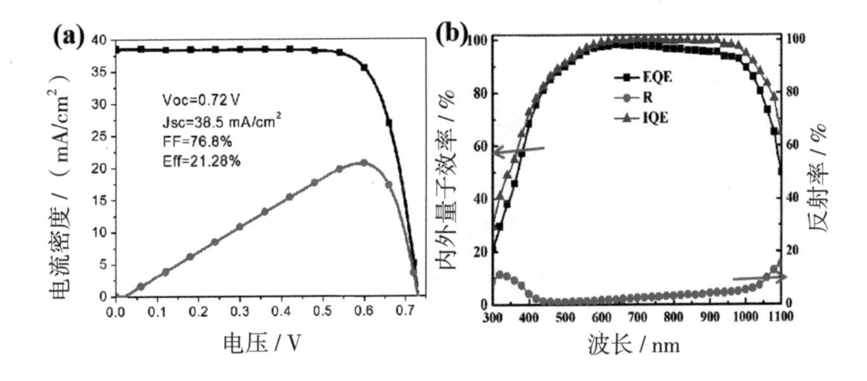

图3.12　SHJ太阳能电池J–V图及电池性能参数（a）和表面反射率、EQE和IQE图（b）

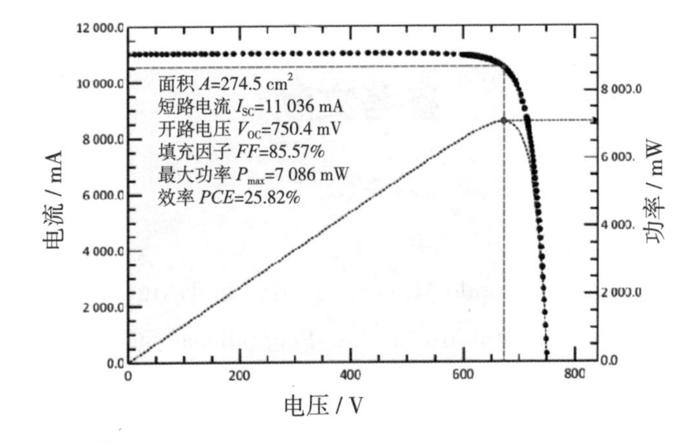

图3.13　隆基的商业尺寸SHJ太阳能电池I–V曲线

2021年，隆基的商业尺寸SHJ（M6硅基异质结274.5 cm^2）太阳能电池经ISFH（德国哈梅林太阳能研究所）测试，转换效率达25.82%（如图3.13所示），再次打破世界纪录。半年内连续两次突破SHJ电池效率世界纪录，标志着隆基实现新型太阳能高效电池技术的全面领先，为全球光伏产业持续快速发展带来强大动能。

本章总结

本章针对获得高效SHJ太阳能电池的关键技术，主要介绍a-Si/c-Si SHJ太阳能电池性能的因素。通过对单晶硅片的清洗制绒，可降低电池的反射率。采用高质量本征非晶硅薄膜对硅片钝化，可获得高少子寿命的硅片钝化性能，降低硅片表面复合速率。采用宽带隙的p-a-SiC薄膜作为窗口层及优化ITO薄膜的沉积工艺，可减少电池的寄生吸收损失。通过每一层的优化配合最终可获得高效率的SHJ电池。

参考文献

[1] Sai H, Saito K, Kondo M. Investigation of Textured Back Reflectors With Periodic Honeycomb Patterns in Thin-Film Silicon Solar Cells for Improved Photovoltaic Performance [J]. IEEE J. Photovolt., 2013, 3: 5-10.

[2] Barrio R, Maffiotte C, Gandía J J, et al. Surface Characterisation of Wafers for Silicon-Heterojunction Solar Cells [J]. J. Non-Crystalline Solids, 2006, 352:

945–949.

[3] Park H J, Lee Y, Park S J, et al. Tunnel oxide passivating electron contacts for high-efficiency n-type silicon solar cells with amorphous silicon passivating hole contacts [J]. Sol. Energ. Mater. Sol. Cells, 2019, 2, 5692–5697.

[4] Schmidt J, Peibst R, Brendel R. Surface Passivation of Crystalline Silicon Solar Cells: Past, Present and Future. Sol. Energ. Mater. Sol. Cells, 2018, 187: 39–54.

[5] Holman Z C, Filipič M, Descoeudres A, et al. Infrared Light Management in High–Efficiency Silicon Heterojunction and Rear–Passivated Solar Cells [J]. J. Appl. Phys., 2013, 113: 013107.

[6] Zhang D, Deligiannis D, Papakonstantinou G, et al. Optical Enhancement of Silicon Heterojunction Solar Cells With Hydrogenated Amorphous Silicon Carbide Emitter [J]. IEEE J. Photovolt., 2014, 4: 1326–1330.

[7] Preissler N, Bierwagen O, Ramu A T, et al. Electrical Transport, Electrothermal Transport, and Effective Electron Mass in Single–Crystalline In_2O_3 Films [J]. Phys. Rev. B, 2013, 88: 085305.

[8] Hoex B, Heil S B S, Langereis E, et al. Ultralow Surface Recombination of C–Si Substrates Passivated by Plasma–Assisted Atomic Layer Deposited Al_2O_3 [J]. Appl. Phys. Lett., 2006, 89: 042112.

[9] Fujiwara H, Kaneko T, Kondo M. Application of Hydrogenated Amorphous Silicon Oxide Layers to C–Si Heterojunction Solar Cells [J]. Appl. Phys. Lett., 2007, 91: 133508.

[10] Rajkumar S, Srikanta P, Keunjoo K, et al. Silicon solar cells with interfacial passivation of the highly phosphorus–doped emitter surface by oxygen ion implantation, Sol. Energ. Mater. Sol. Cells, 2021, 234: 111414.

[11] MartíN I, Vetter M, Orpella A, et al. Surface Passivation of P–Type Crystalline Si by Plasma Enhanced Chemical Vapor Deposited Amorphous SiCx:H Films [J]. Appl. Phys. Lett., 2001, 79: 2199–2201.

[12] Lee S J, Kim S H, Kim D W, et al. Effect of Hydrogen Plasma Passivation on Performance of HIT Solar Cells [J]. Sol. Energ. Mater. Sol. Cells, 2011, 95:

81–83.

[13] Shiladitya A, Soura S, Tamalika P, et al. Dopant–free materials for carrier–selective passivating contact solar cells: A review, Surf. Inter., 2021, 28: 101687.

[14] Conrad E, Korte L, Maydell K.V, et al. Development and Optimization of A–Si:H/C–Si Heterojunction Solar Cells Completely Processed at Low Temperature [C]. Proceedings of 21st European Photovolatic Solar Energy Conference, Dresden, Germany, 2006: 784–787.

[15] Page M R, Iwaniczko E, Xu Y Q, et al. Amorphous/Crystalline Silicon Heterojunction Solar Cells With Varying i–Layer Thickness [J]. Thin Solid Films, 2011, 519: 4527–4530.

[16] Fujiwara H, Kondo M. Real–Time Control and Characterization of A–Si:H Growth in a–Si:H/C–Si Heterojunction Solar Cells by Spectroscopic Ellipsometry and Infrared Spectroscopy [J].Photovoltaic Specialists Conference, 2005. Conference Record of the Thirty–first IEEE, USA,2005: 1285–1288.

[17] Choi C G, No K, Lee W J., et al. Effects of Oxygen Partial Pressure on The Microstructure and Electrical Properties of Indium Tin Oxide Film Prepared by D.C. Magnetron Sputtering [J]. Thin Solid Films, 1995, 258: 274–278.

[18] Tahar R B H, Ban T, Ohya Y, et al. Tin Doped Indium Oxide Thin Films: Electrical Properties [J]. J. Appl. Phys., 1998, 83: 2631–2645.

第4章

PEDOT:PSS/c-Si太阳能电池制备及性能优化

硅基太阳能电池作为当前光伏应用的主流器件，提高效率并进一步降低成本仍然是科研人员和产业界努力的方向。据此，一方面，可从光伏光敏材料本身入手，减薄硅片同时用表面织构的硅片代替抛光硅片，例如采用金字塔或硅纳米阵列，不仅可大幅降低光反射率，增加光的吸收与利用，有效提高电池效率，而且可进一步减少硅片原材料消耗，降低成本。另一方面，将有机材料引入表面织构的硅太阳能电池，利用有机薄膜可以溶液法制备的优点，将其通过旋涂或者刮涂在硅表面作为空穴或者电子的传输材料，充分利用有机-无机两种材料各自的优点，制备有机-无机杂化（Organic/c-Si）太阳能电池，其制备方法大大简化了硅电池的加工工艺，以求达到提高效率和降低成本的目的。目前将有机物PEDOT:PSS与硅杂化形成太阳能电池，引起科研者的广泛关注，传统结构的PEDOT:PSS/c-Si电池效率在13%左右[1-11]。

PEDOT:PSS具有良好的成膜性和导电性等优异的性能，可见光区透明度高、成本低，可采用旋涂方式成膜，作为新型光电材料，目前已成为具有应用前景的聚合物之一。在电池中，PEDOT:PSS不仅可以作为空穴传输层代替P型硅，又可以利用其高导电率作为电极材料以增加栅线对电荷的收集。近几年利用晶态硅和PEDOT:PSS形成的PEDOT:PSS/c-Si异质结用来分离电子空穴对的杂化太阳能电池引起极大关注，这种新型太阳能电池在提高电池的转换效率、降低成本等方面将可能成为很有发展潜力的太阳能电池。

传统正式PEDOT:PSS/c-Si异质结太阳能电池中，背电极与c-Si直接接触，由于肖特基势垒的存在，导致背表面载流子复合严重，开压降低。而且PEDOT:PSS薄膜对600~1100 nm波长光有很强的寄生吸收[12, 13]，造成短路电流小于30 mA/cm^2。将a-Si:H/c-Si异质结（SHJ）太阳能电池背场及钝化技术应用到PEDOT:PSS/c-Si异质结太阳能电池（简化为HSC），降低了界面复合电流，同时采用反式结构，避免了PEDOT:PSS薄膜对600～1100 nm波长光的钝化寄生吸收损失，不仅有效提高了电池的光伏性能，而且提高了电池的稳定性。

4.1 PEDOT:PSS/c-Si异质结太阳能电池的制备

4.1.1 PEDOT:PSS/c-Si异质结太阳能电池的结构及制作流程

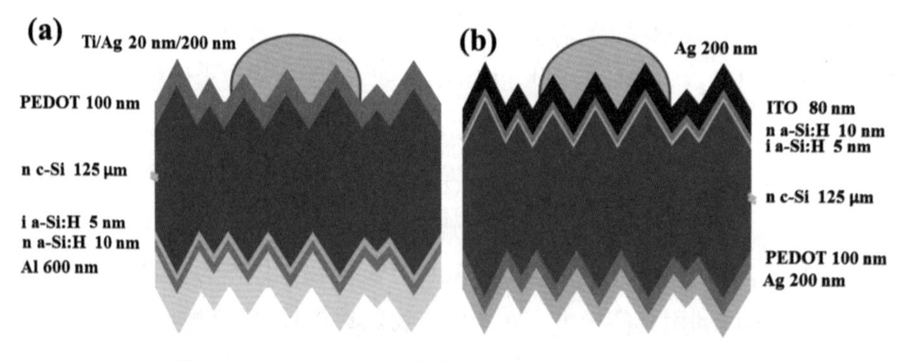

图4.1 PEDOT:PSS/c-Si异质结太阳能电池的结构示意图

（a）正式结构；（b）反式结构

本章介绍的PEDOT:PSS/c-Si异质结太阳能电池的正式结构从下到上依次是：Al电极（600 nm）/n-a-Si:H（10 nm）/i-a-Si:H（5 nm）/c-Si（125 μm）/ PEDOT:PSS（100 nm）/ Ti，Ag层（20，200 nm）栅线电极。反式结构从下到上依次是：Ag电极（200 nm）/ PEDOT:PSS（100 nm）/c-Si（125 μm）/ i-a-Si:H（5 nm）/n-a-Si:H（10 nm）/ITO（80 nm）/Ag层（200 nm）栅线电极。在正式结构中，Ag栅线与PEDOT:PSS表面有超过90%的区域没有被金属覆盖到，因此需要通过PEDOT:PSS将产生的电荷传输到金属电极上。实验中采用PEDOT:PSS中PH1000类型，同时添加DMSO来提高薄膜的导电性[2]，添加表面活性剂Trinton 100提高黏度。具体配比为 5 mL PH1000，250 μL DMSO和50 μL Triton100, 在硅片表面旋涂时，3 000 r/min的转速下旋转30 s制备成膜。

PEDOT:PSS/c-Si异质结太阳能电池的制备具体步骤为：如图4.2（a）和图4.2（b）所示，以n型单晶硅片为基底，首先，双面碱刻蚀制绒清洗后，前后表面沉积5 nm的本征氢化非晶硅（i-a-Si:H）和10 nm n型掺杂非晶硅薄膜（n-a-Si:H）分别作为表面钝化层和背场层。对于正式结构，接下来在硅片另外一面旋涂PEDOT:PSS，最后在PEDOT:PSS表面制备Ti/Ag栅线电极和背面沉积Al作为阴极形成电池。对于反式结构，在非晶硅薄膜沉积完后，真空传输到溅射腔室沉积透明导电ITO薄膜。从溅射腔室取出后，在硅片另外一面旋涂PEDOT:PSS，最后在ITO表面制备Ag栅线电极及PEDOT:PSS表面沉积Ag电极形成电池，电池面积为10 mm × 10 mm。本章中单晶硅的制绒及清洗清洗制绒过程同3.2.2部分，本征和n型氢化非晶硅（i, n-a-Si:H）及氧化铟锡（ITO）薄膜的制备参考上章优化后的工艺方法制备。

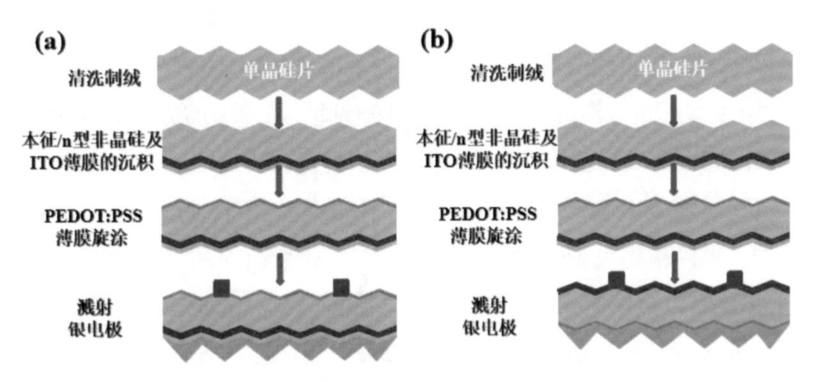

图4.2 PEDOT:PSS/c-Si太阳能电池的制备流程

（a）正式结构；（b）反式结构

4.1.2 PEDOT:PSS/c–Si界面和太阳能电池的表征

台阶仪用来检测薄膜的厚度。PEDOT:PSS表面形貌和PEDOT:PSS/c–Si截面图片是用场发射扫描电子显微镜表征的。薄膜的电阻是用源表在黑暗环境下测试得到的。太阳能电池模拟器来测试电池的*J–V*曲线，使用前用标准硅电池校正光强为1 000 W/m^2。利用EQE测试系统通过与已知EQE的标准硅探测器进行比较，得到不同器件的EQE值，测试所用的光源为300 W的氙灯。

4.2 PEDOT:PSS/c–Si太阳能电池的性能优化

4.2.1 PEDOT:PSS/c–Si界面的优化

通常使用的PEDOT:PSS薄膜是通过旋涂的方式覆盖在硅表面，但由于硅表面织构造成的凹凸不平，例如金字塔织构的硅表面，导致PEDOT:PSS/c–Si界面经常有如图4.3所示的空隙出现，严重影响电荷传输及电池性能。空隙的出现一方面归因于PEDOT:PSS在硅片表面的黏度不够，另一方面是由于金字塔之间的V形结构使薄膜很难覆盖。为了改善PEDOT:PSS/c–Si的界面覆盖度，采用大金字塔结构的硅片，并通过酸刻蚀（CP）的方式将金字塔之间的V形结构刻蚀为U形结构。与此同时为了提高PEDOT:PSS薄膜的黏度，在PEDOT:PSS中添加0.5%的Triton100表面活性剂，有效地改善了二者的界面接触特性。图4.4（a）所示为金字塔平均大小为5 μm的经过CP刻蚀硅片表面，可以看出，金字塔表面光滑，间隙圆润，有利于PEDOT:PSS成膜。图4.4（b）和图4.4（c）所示为改性后PEDOT:PSS在硅片表面成膜后的形貌图，从中可见，薄膜覆盖性好，无裂纹和孔洞出现。图4.4（d）所示为界面截面图，对比图4.3，界面覆盖度大大改善。

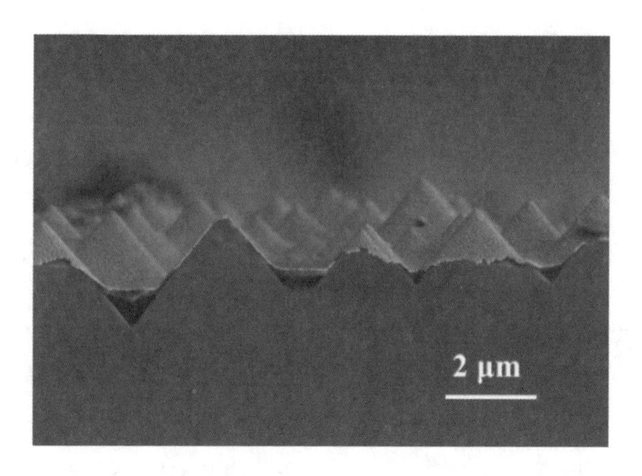

图4.3　PEDOT:PSS与金字塔织构的c-Si界面SEM图

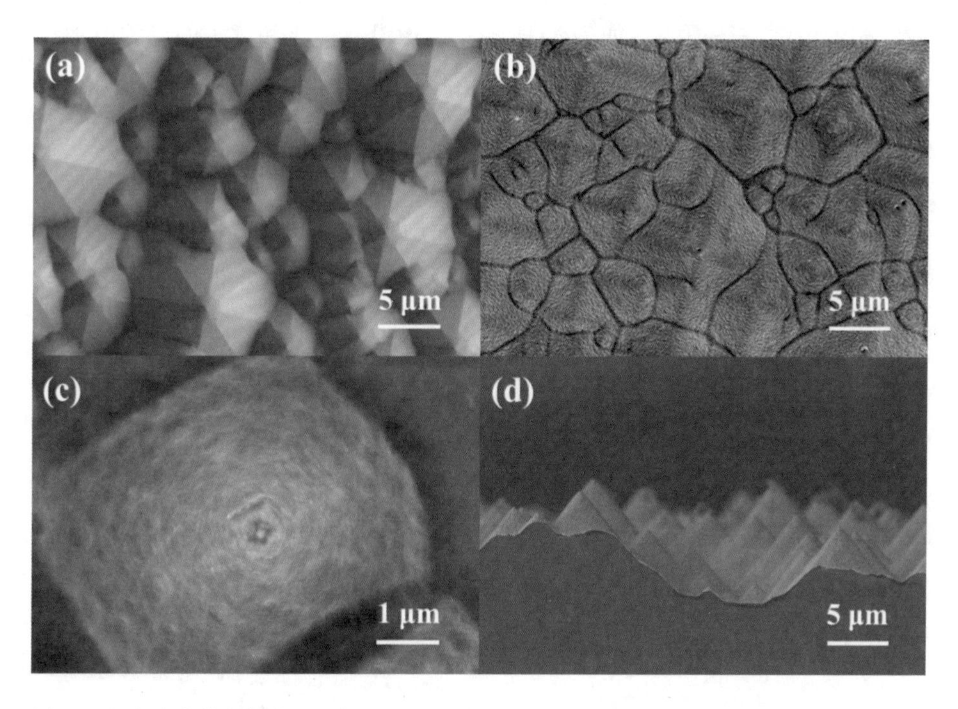

图4.4 （a）金字塔织构的c-Si表面SEM图；（b）和（c）PEDOT:PSS覆盖的c-Si表面；（d）PEDOT:PSS与金字塔织构的c-Si界面截面图

4.2.2 PEDOT:PSS/c-Si太阳能电池的光伏性能

4.2.2.1 本征及非晶硅层（i,n-a-Si:H）钝化和背表面场对PEDOT:PSS/c-Si太阳能电池的影响

表4.1 PEDOT:PSS/c-Si异质结太阳能电池结构

分类	结构
正式结构无背场	Grid Ag/PEDOT:PSS/c-Si/Al
正式结构有背场	Grid Ag/PEDOT:PSS/c-Si/a-Si:H/Al

非晶硅钝化和背表面场对PEDOT:PSS/c-Si太阳能电池的影响，采用正式结构的电池进行研究。如表4.1所示，采用没有钝化和背表面场的电池结构为Grid Ag/PEDOT:PSS/c-Si/Al和有钝化和背表面场的电池的结构为Grid Ag/PEDOT:PSS/c-Si/（i，n）a-Si:H/Al组装电池，表征其光电性能。图4.5所示为基于有无（i，n）a-Si:H制备的正式PEDOT:PSS/c-Si太阳能电池的电流-电压（*J*-*V*）曲线，相关参数包括短路电流密度（J_{SC}）、开路电压（V_{OC}）、填充因子（*FF*）、转换效率（*PCE*）和串并联电阻（R_s，R_{sh}）列于表4.2中。

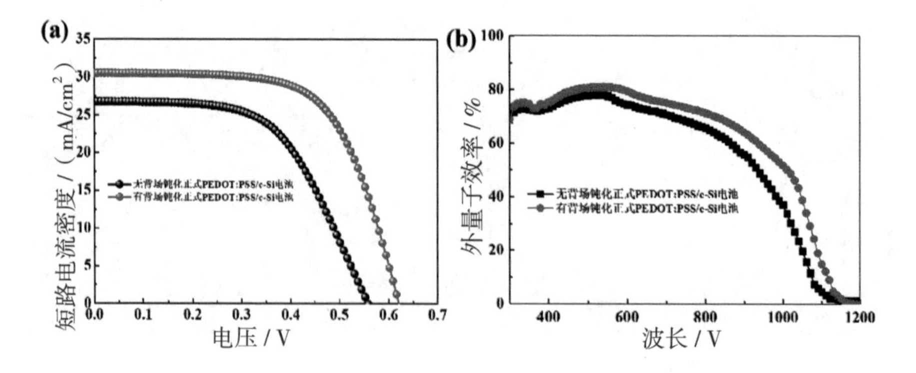

图4.5 背表面场（i and n-a-Si:H层）对PEDOT:PSS/c-Si异质结太阳能电池性能的影响

（a）J-V曲线对比；（b）EQE曲线对比

表4.2　正式PEDOT:PSS/c-Si太阳能电池性能参数。

HSC		V_{OC}/mV	J_{SC}/（mA/cm²）	*FF*/%	*PCE*/%	R_s/（Ω·m²）	R_{sh}/（kΩ·cm²）
正式结构无背场	平均	538 ± 10	26.1 ± 0.5	55.7 ± 0.8	7.92 ± 0.39	13.79 ± 0.52	0.27 ± 0.07
	最高	548	26.4	56.1	8.3	13.27	0.34
正式结构有背场	平均	615 ± 5	29.5 ± 0.3	65.5 ± 0.4	11.84 ± 0.29	11.88 ± 0.37	1.86 ± 0.05
	最高	620	29.7	65.8	12.1	11.51	1.91

通过*J*–*V*曲线、*EQE*以及性能参数见图4.5和表4.2。可以看出，当采用晶体硅背表面与Al直接接触时，器件的V_{OC}和*FF*较低，导致电池的*PCE*较低。这是由于晶体硅与Al直接接触，未经高温退火形成欧姆接触，存在肖特基势垒。而且由于晶体硅与Al界面未得到有效钝化，缺陷多，导致电池中严重的载流子复合，因此，器件的光伏性能降低。当采用本征非晶硅薄膜（i-a-Si:H）对硅片表面钝化并使用重掺杂n–a–Si:H作为背场，器件的性能有明显升高。电池的J_{SC}、V_{OC}、*FF*以及*PCE*均明显增大，J_{SC}从26.4 mA/cm²增加到29.7 mA/cm²，外量子效率（*EQE*）的测试积分所得短路电流密度与*J*–*V*测试结果一致。V_{OC}和*FF*分别从548 mV和56.1%提升到620 mV和65.8%，器件的*PCE*从8.3%增加到12.1%。性能的提高是基于本征非晶硅薄膜（i–a–Si:H）对硅片表面钝化，提高了硅片的少子寿命和扩散长度，载流子复合减少。而且重掺杂n–a–Si:H与Al形成欧姆接触，降低了界面电阻。器件的R_{sh}是反应器件性能的指标之一，R_{sh}越大，器件的V_{OC}和FF将越大，反之，R_{sh}越小，器件的V_{OC}和*FF*将越小。基于（i，n）a–Si:H制备的正式PEDOT:PSS/c–Si太阳能电池的R_{sh}较大，R_{sh}从0.34 kΩ·cm²增加到1.91 kΩ·cm²，大的R_{sh}使器件中的分流路径减少，提高电池性能。

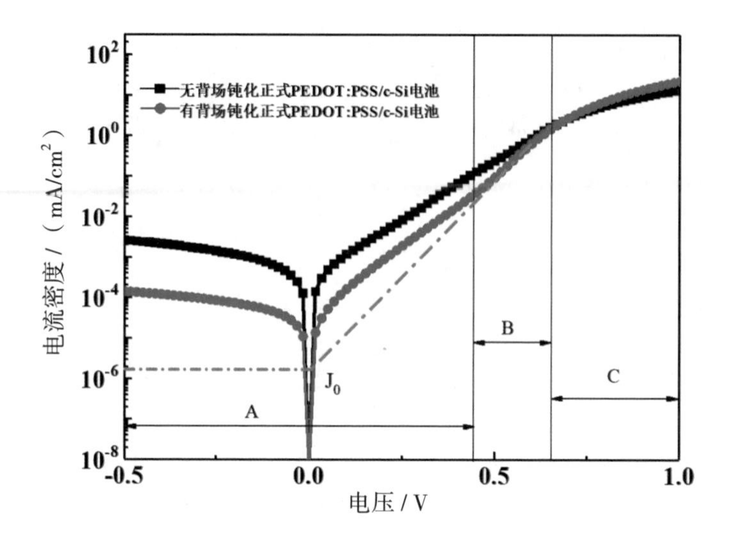

图4.6　背表面场（i and n–a–Si:H层）对正式结构PEDOT:PSS/c–Si太阳能电池J_{dark}–V曲线的影响

表4.3　有无i and n–a–Si:H层的正式PEDOT:PSS/c–Si异质结太阳能电池的暗饱和电流J_0与电池的品质因子n

PEDOT:PSS/c–Si HSC	n	J_0 / （mA/cm²）
正式结构无背场	2.5	2.82×10^{-4}
正式结构有背场	1.9	1.23×10^{-5}

通过暗态J–V曲线分析也可以获取电池器件中载流子传输信息，暗态J–V曲线可以用满足二极管特性的方程如式（4–1）模拟计算。

$$J_{dark}(V)=J_0[\exp(\frac{eV}{nKT})-1] \tag{4-1}$$

其中，J_0为暗态饱和电流，e为电子电量，n为二极管的品质因子，K为玻尔兹曼常数，T为热力学温度。在暗态条件下，太阳能电池的暗电流表示的是电池的复合电流，而复合电流主要有体复合与界面复合两种机制。图4.6是有或者无非晶硅钝化和背场的两种正式PEDOT:PSS/c-Si太阳能电池的暗态*J*–*V*曲线。可以将曲线分为三部分：在A区域，暗电流受R_{sh}影响；在C区域受R_s影响，呈饱和状态；在B区域，电流电压近似指数增长。根据式（4-1）对两种电池的暗态*J*–*V*曲线B区域进行拟合，可以得到相应电池的暗饱和电流J_0与电池的品质因子*n*，结果如表4.3所示。基于（i，n）a-Si:H制备的正式PEDOT:PSS/c-Si太阳能电池，暗态饱和电流降低，说明电池的漏电流减少。电池的品质因子*n*也从2.5降低为1.9，进一步证明采用（i，n）a-Si:H的表面钝化和场钝化，有效降低了电池的载流子复合和传输电阻，提高了电池的光伏性能。

4.2.2.2　反式结构对PEDOT:PSS/c-Si异质结太阳能电池的影响

上节采用正式结构，同时结合背表面场钝化作用，将PEDOT:PSS/c-Si太阳能电池效率提高到12.1%。通过测试电池的外量子效率，不仅可以计算短路电流密度，而且可以看出电池对不同波长光子吸收利用的量子效率。从图4.5（b）可以看出，正式结构PEDOT:PSS/c-Si电池的外量子效率从600 nm到1 200 nm逐渐减低，即使采用表面和场钝化降低载流子的复合损失，短路电流密度仍然低于30 mA/cm^2。在PEDOT:PSS/c-Si电池的正式结构中，PEDOT:PSS作为窗口层和发射层用来传输空穴。PEDOT:PSS的透过率和寄生吸收对整个电池的光伏性能有很大影响。为了表征PEDOT:PSS/c-Si电池中PEDOT:PSS的寄生吸收，对100 nm厚的PEDOT:PSS薄膜做吸收光谱表征，结果如图4.7（a）所示，从可见光到红外光波长范围，吸收强度呈线性关系增加。图4.7（b）比较了PEDOT:PSS薄膜和ITO薄膜的消光系数，结果表明，PEDOT:PSS薄膜较ITO薄膜在可见和近红外光谱区域有更强烈的寄生吸收。正式结构PEDOT:PSS/c-Si太阳能电池在600～1 200 nm范围内量子效率低的主要源于PEDOT:PSS薄膜的寄生吸收。

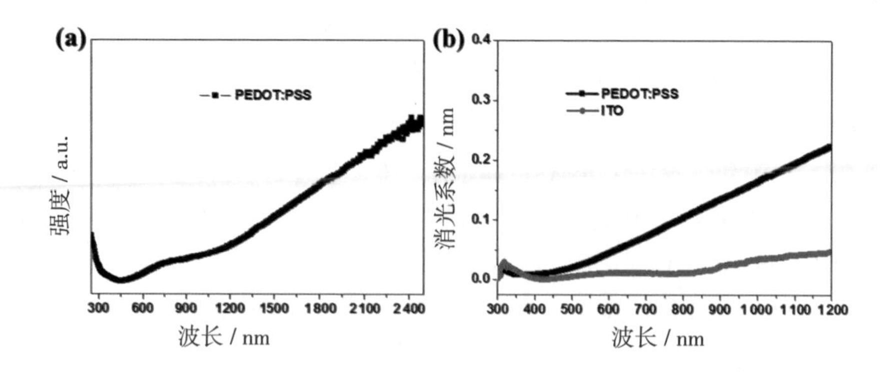

图4.7 （a）PEDOT:PSS薄膜（100 nm）的吸收谱；（b）PEDOT:PSS和ITO薄膜消光系数

为了降低PEDOT:PSS/c-Si太阳能电池的寄生吸收损失，提高电池的短路电流密度，将PEDOT:PSS薄膜置于电池的背面，同时结合上章介绍的SHJ太阳能电池技术，制备反式结构PEDOT:PSS/c-Si太阳能电池。如表4.4所示具体结构为Grid Ag/ITO/（n,i）a-Si:H/c-Si/PEDOT:PSS/Ag。Grid Ag/ITO/（n,i）a-Si:H/c-Si这部分为前表面结构，与上章中SHJ太阳能电池的背表面结构完全一致。透明导电ITO薄膜用来收集电子，i-a-Si:H和n-a-Si:H作为表面和场钝化层应用到电池窗口层部分。PEDOT:PSS薄膜作为空穴传输层和背电极应用到反式结构电池中。

表4.4　PEDOT:PSS/c-Si异质结太阳能电池结构

分类	结构
正式结构有背场	Grid Ag/PEDOT:PSS/c-Si/a-Si:H/Al
反式结构有背场	Grid Ag/ITO/a-Si:H/c-Si/PEDOT:PSS/Ag

图4.8所示为PEDOT:PSS/c-Si太阳能电池结合SHJ结构的能带和载流子传输过程图。如图4.8（a）所示，PEDOT:PSS的能级与n型c-Si的能级匹配，空穴可以容易地注入其中，而电子将反射回晶体硅内，减少表面的复合。另外，n型a-Si:H在阴极电极上的插入不仅可以降低接触电阻，而且还形成一个表面电场，有利于电子收集，排斥空穴，以减少表面的复合损失。这有效

提高光生载流子的收集效率，减少暗态饱和电流，降低了复合损失，有利于获得更高的效率。

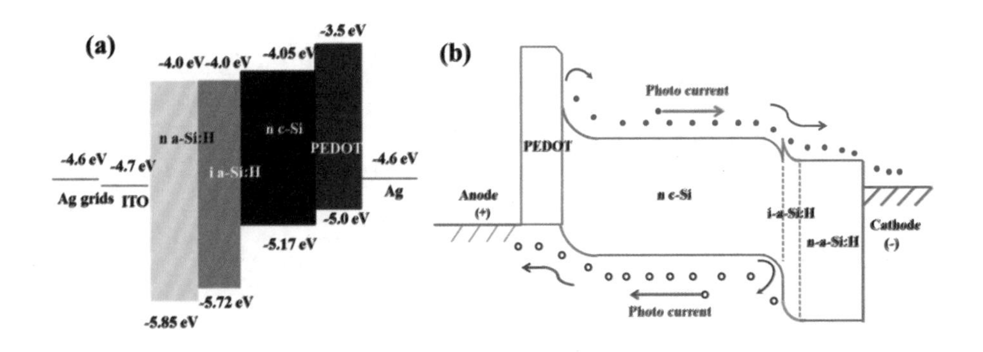

图4.8 （a）PEDOT:PSS/c-Si 太阳能电池的能带排列图；（b）光照下的能带图和载流子传输过程

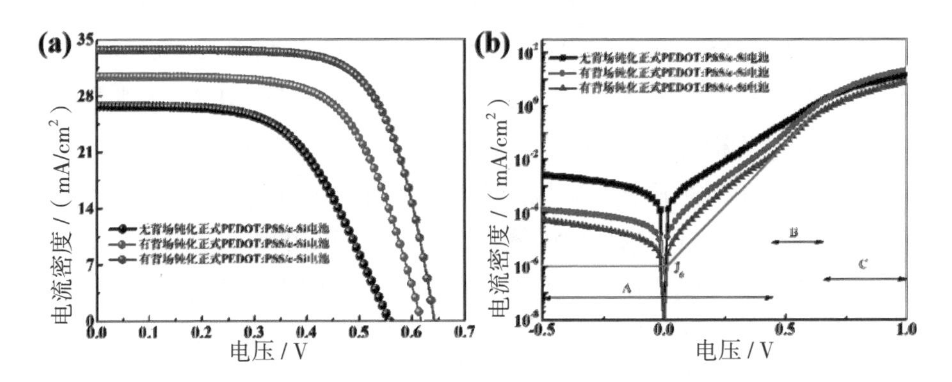

图4.9　正式结构和反式结构PEDOT:PSS/c-Si太阳能电池

（a）J-V曲线对比；（b）EQE曲线对比

采用反式结构结合SHJ结构组装PEDOT:PSS/c-Si太阳能电池，表征其光电性能，并与上节准备的正式结构电池性能比较。图4.9所示为正式结构和反式结构结合SHJ技术制备的PEDOT:PSS/c-Si太阳能电池的电流-电压（J-V）曲线和外量子效率曲线（EQE），相关参数包括短路电流密度（J_{SC}）、开路电压（V_{OC}）、填充因子（FF）、能量转换效率（PCE）和串并联电阻

（R_s，R_{sh}）列于表4.5中。

表4.5 正式和反式结构PEDOT:PSS/c-Si异质结太阳能电池性能参数

HSC		V_{OC}/mV	J_{SC}/（$mA \cdot cm^{-2}$）	FF/%	PCE/%	R_s/（$\Omega \cdot m^2$）	R_{sh}/（$k\Omega \cdot cm^2$）
正式结构有背场	平均	615 ± 5	29.5 ± 0.3	65.5 ± 0.4	11.84 ± 0.29	11.88 ± 0.37	1.86 ± 0.05
	最高	620	29.7	65.8	12.1	11.51	1.91
反式结构有背场	平均	630 ± 4	36.0 ± 0.3	70.3 ± 0.3	15.87 ± 0.25	10.30 ± 0.24	3.26 ± 0.02
	最高	634	36.2	70.5	16.1	10.06	3.28

结合图4.9和表4.5的数据可以看出，相对于正式结构，采用反式结构制备的PEDOT:PSS/c-Si太阳能电池，J_{SC}从29.7 mA/cm^{2}增加到36.2 mA/cm^2，V_{OC}和FF分别从620 mV和65.8%迅速提升到634 mV和70.5%，使器件的PCE从12.1%急剧增加到16.1%。V_{OC}和FF的升高主要是由于反式结构器件中PEDOT：PSS薄膜被Ag电极完全覆盖，导致R_{sh}从1.91 kΩ·cm^{2}增加到3.28 kΩ·cm^2，大的R_{sh}使器件中的分流路径减少。J_{SC}的增加主要是由于反式结构可以吸收更多的太阳光，产生更多的载流子，因此外电路中的J_{SC}明显增大。EQE的测试结果与J–V一致，并且通过对比正式和反式结构的EQE测试结果可以看出，反式结构太阳能电池在500～1100 nm范围内光谱响应明显提高。然而500 nm以下的EQE减少了，这是由于窗口层ITO带边吸收和非晶硅薄膜的在短波区寄生吸收引起，但这个波长范围内太阳辐照的光通量较长波区小，对J_{SC}的贡献很少。如图4.8（b）显示两种电池在300～500 nm范围内的EQE积分所得J_{SC}的差异相对较小。然而，太阳光辐照在500～1000 nm处的光通量是丰富的，对J_{SC}的贡献较大。反式结构电池较正式结构电池J_{SC}的增大主要源于长波区的EQE的提高。

表4.6　正式和反式结构PEDOT:PSS/c-Si太阳能电池的暗饱和电流J_0与电池的品质因子n

HSC	n	J_0 /（mA/cm^2）
正式结构有背场	1.9	1.23×10^{-5}
反式结构有背场	1.7	1.03×10^{-6}

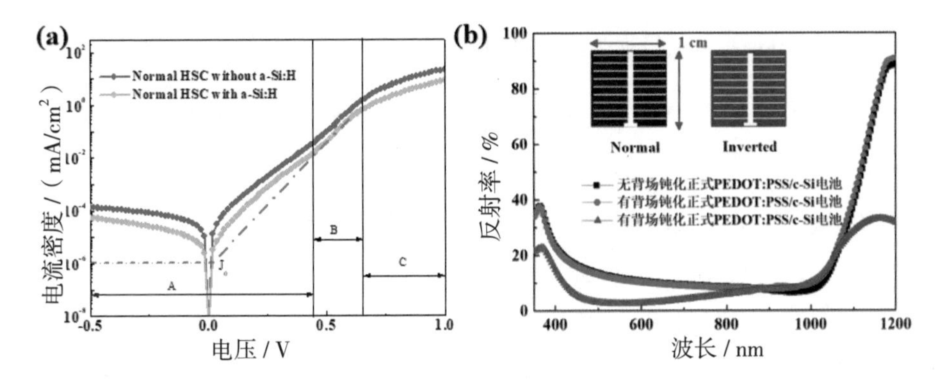

图4.10　正式和反式结构对PEDOT:PSS/c-Si太阳能电池

（a）J_{dark}–V曲线；（b）反射率的影响

暗态J–V特性是检测太阳能电池性能的一个重要指标。众所周知，要获得高效率太阳能电池，必须降低电池反向饱和电流密度J_0，因为漏电流会导致V_{OC}降低。图4.10（a）暗态下测试正式和反式结构对PEDOT:PSS/c-Si太阳能电池所得J_{dark}–V曲线。表4.6给出基于J_{dark}–V特性曲线对正式和反式结构PEDOT:PSS/c-Si异质结太阳能电池的二极管理想因子（n）和反向饱和电流密度（J_0）进行拟合。反向结构PEDOT:PSS/c-Si太阳能电池n值较小，表明载流子复合速率变小。另外，J_0值也显示类似的趋势，说明反向结构电池具有较高的V_{OC}。图4.10（b）为正式和反式结构PEDOT:PSS/c-Si异质结太阳能电池的反射谱。很显然，反式结构的反射率在400～800 nm低于反式结构，这是由于反式结构中，80 nm的ITO薄膜不仅作为透明导电层，还起到减反作用提高光的利用率。

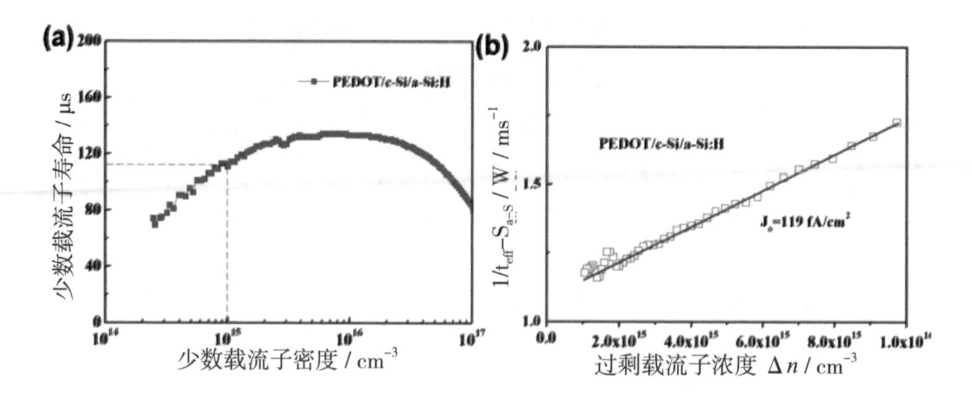

图4.11 （a）本征非晶硅（i-a-Si:H）和PEDOT:PSS 薄膜双面钝化的单晶硅片（c-Si）的少数载流子寿命，（b）$\frac{1}{\tau_{eff}}-\frac{S_{a-Si:H}}{W}$与过剩载流子浓度Δ$n$的关系图

结构为PEDOT:PSS/c-Si/a-Si:H的少数载流子寿命（MCL）可说明a-Si:H和PEDOT:PSS对c-Si双面钝化的性质。如图4.11（a）所示，当注入载流子浓度为1×10^{15} cm^{-3}时，少子寿命为112 μs。基于式（4-2）可建立有效载流子与注入浓度的关系。

$$\frac{1}{\tau_{eff}}=\frac{1}{\tau_{bulk}}+\frac{S_{a-Si:H}}{W}+\frac{J_0(N_{dop}+\Delta n)}{qn_i^2W} \tag{4-2}$$

其中，J_0为反向饱和电流密度，e为电子电量，n为二极管的品质因子，K为玻尔兹曼常数，T为热力学温度，$S_{a-Si:H}$为a-Si:H与c-Si的界面复合速率，W为单晶硅片的厚度（125 μm），Δn为注入载流子浓度。本征单晶硅在绝对温度298 K时载流子浓度为n_i=9.63×10^9 cm^{-3}，实验中采用的硅片载流子浓度N_{dop} = 3×10^{15} cm^{-3}[14]。

通过拟合$\frac{1}{\tau_{eff}}-\frac{1}{\tau_{bulk}}-\frac{S_{a-Si:H}}{W}$与$\frac{J_0(N_{dop}+\Delta n)}{qn_i^2W}$所得的线性关系，如图4.11（b）所示，计算可得PEDOT:PSS/c-Si异质结反向饱和电流密度J_0为119 fA/cm^2。假定品质因子n=1，通过式（4-3）可以计算电池的开压理论值。

$$V_{OC}=\frac{kT}{q}\ln\left(\frac{J_{SC}}{J_0}+1\right) \tag{4-3}$$

其中，V_{OC}为电池的开路电压理论值，J_{SC}为晶硅电池的短路电流密度（约40 mA·cm^{-2}），其他参数如上述公式中一致，室温下，kT/q = 25.69 mV。将上面计算所得的J=119 fA/cm^{2}代入，可得电池的V_{OC}为682 mV，前面实验结果与之接近，进一步说明采用背场技术和反式结构有利于提高电池性能。

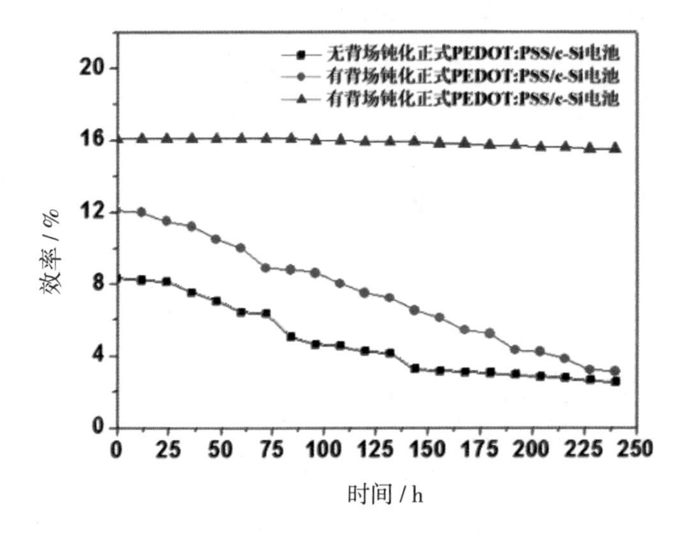

图4.12　三种结构PEDOT:PSS/c-Si太阳能电池的稳定性

由于PEDOT:PSS薄膜具有吸湿性的，会导致PEDOT:PSS/c-Si异质结太阳能电池性能的降低。考察了两种结构PEDOT:PSS/c-Si异质结太阳能电池的稳定性，图4.12给出了器件的稳定性数据。未封装的电池保存在大气气氛下，经过62天后，反式结构太阳能电池的效率仍可以保持原有效率的98%，证明用反式结构制备的PEDOT:PSS/c-Si异质结太阳能电池有好的稳定性。在正式结构中，PEDOT:PSS层与空气直接接触，但采用反式结构PEDOT:PSS层被金属电极完全覆盖，可以很好地阻止水气进入电池内部。因此反式结构比正式结构的电池更稳定。

本章总结

本章介绍将SHJ表面和场钝化技术应用到PEDOT:PSS/c-Si太阳能电池中，将本征及n型非晶硅薄膜应用于正式结构PEDOT:PSS/c-Si异质结太阳能电池的背表面，由于表面和场钝化作用，有效降低载流子在背表面复合速率，同时采用反式结构，可进一步提高电池效率。

参考文献

[1] Zhu J, Yang X, Wang Z, et al. Achieving a Record Fill Factor for Silicon - Organic Hybrid Heterojunction Solar Cells by Using a Full-Area Metal Polymer Nanocomposite Top Electrode [J]. Adv. Funct. Mater., 2018, 28: 1705425.

[2] Lu Z, Hou G, Chen J, et al. Achieving a Record Open-Circuit Voltage for Organic/Si Hybrid Solar Cells by Improving Junction Quality [J]. Solar RRL, 2021, 5: 2100255.

[3] Yang C, Sun Z, He Y, et al. Performance-Enhancing Approaches for PEDOT:PSS-Si Hybrid Solar Cells [J]. Angewandte Chemie, 2021, 60: 5036-5055.

[4] Giesbrecht P K, Bruce J P, Freund M S. Electric and Photoelectric Properties of3,4 - Ethylenedioxythiophene-Functionalized n-Si/PEDOT:PSS Junctions [J]. ChemSusChem, 2016, 9: 109-117.

[5] Sheng J, Fan K, D. Wang, et al. Improvement of the SiOx Passivation Layer for High-Efficiency Si/PEDOT:PSS Heterojunction Solar Cells [J]. ACS Appl. Mater. Inter., 2014, 6: 16027-16034.

[6] Sheng J, Wang D, Wu S, et al. Ideal Rear Contact Formed Via Employing a

Conjugated Polymer for Si/PEDOT:PSS Hybrid Solar Cells [J]. RSC Adv., 2016, 6: 16010–16017.

[7] Subramani T, Syu H J, Liu C T, et al. Low-Pressure-Assisted Coating Method to Improve Interface between PEDOT:PSS and Silicon Nanotips for High-Efficiency Organic/Inorganic Hybrid Solar Cells via Solution Process [J]. ACS Appl. Mater. Inter., 2016, 8: 2406–2415.

[8] Tsai M L, Wei W R. Si Hybrid Solar Cells with 13% Efficiency via Concurrent Improvement in Optical and Electrical Properties by Employing Graphene Quantum Dots [J]. ACS Nano, 2016, 10: 815–821.

[9] Yang L, Liu Y, Tang L, et al. Interface Engineering of High Efficiency Organic-Silicon Heterojunction Solar Cells [J]. ACS Appl. Mater. Inter., 2016, 8: 26–30.

[10] Zhang J, Song T, Shen X, et al. A 12%-Efficient Upgraded Metallurgical Grade Silicon-Organic Heterojunction Solar Cell Achieved by A Self-Purifying Process [J]. ACS Nano, 2014, 8: 11369–11376.

[11] Zhang Y, Cui W, Zhu Y,et al.High Efficiency Hybrid PEDOT:PSS/ Nanostructured Silicon Schottky Junction Solar Cells by Doping-Free Rear Contact [J]. Energy Environ. Sci., 2015, 8: 297–302.

[12] Zielke D, Pazidis A, Werner F, et al. Organic-Silicon Heterojunction Solar Cells on N-Type Silicon Wafers: The Backpedot Concept [J]. Sol. Energ. Mater. Sol. Cells, 2014, 131: 110–116.

[13] Schmidt J, Titova V, Zielke D. Organic-Silicon Heterojunction Solar Cells: Open-Circuit Voltage Potential and Stability [J]. Appl. Phys. Lett., 2013, 103: 183901.

[14] Altermatt P P. Reassessment of the Intrinsic Carrier Density in Crystalline Silicon in View of Band-Gap Narrowing [J]. J. Appl. Phys., 2003, 93: 1598–1604.

第5章

钙钛矿太阳能电池的制备及优化

目前，以$MAPbI_3$、$FAPbI_3$、$CsPbI_3$为代表的有机-无机杂化和纯无机钙钛矿薄膜制备方法中，溶液制备法可以一步完成，退火温度低，钙钛矿薄膜的厚度可以通过浓度、旋转速度等方式随意调控，另外容易实现基团的替换、掺杂以及带隙的调控，来提高电池的性能，同时，也非常适合制备柔性电池器件和叠层电池器件。然而，溶液法制备的钙钛矿薄膜很难达到完全的表面覆盖率，而且存在大量的本征缺陷，极大地限制了钙钛矿太阳能电池的性能。因此，研究人员开发了双源共蒸真空沉积法制备钙钛矿薄膜的技术[1-3]，得到了均一的完全覆盖的钙钛矿薄膜，器件的性能得到进一步提升[4]。但是，由于有机成分如碘甲胺（MAI）极易扩散，不能有效的控制其在钙钛矿薄膜中的含量，导致制备的钙钛矿太阳能电池重复性较差[5]。为了解决双源共蒸真空沉积法中MAI在真空腔体中扩散，导致不能控制其在钙钛矿薄膜中的含量以及用此法制备钙钛矿太阳能电池重复性差的问题，科研人员发展出真空交替沉积法制备钙钛矿薄膜的技术：先在基底上热蒸发一层$PbCl_2$薄膜，然后热蒸发合适厚度的MAI，通过退火形成钙钛矿薄膜，重复此过程直至形成所需厚度的钙钛矿薄膜。利用这种方法可以很容易得到均一的具有完全覆盖率的钙钛矿薄膜，且此薄膜具有较小的表面粗糙度和较纯的钙钛矿结晶相。

无论采用什么方法制备钙钛矿薄膜，薄膜内部仍然存在大量的本征缺陷[6-8]，荧光量子效率通常很低（<20%），以及钙钛矿太阳能电池各层间界面也存在大量缺陷，致使载流子复合是导致的能量损失的重要原因，这些缺陷的存在是制约器件性能的主要因素[9, 10]。此外，电池各层的导带带阶不匹配、低导电性及疏水性等也都会影响电池的性能[11-15]。很多科研人员通过石墨烯和其他碳材料对钙钛矿电池对这些方面进行修饰，改善稳定性的同时进一步提高太阳能电池的效率[16-23]。本章中，首先介绍采用低温（100 ℃）一步溶液旋涂法制备平整、致密的$MAPbI_3$钙钛矿薄膜，将其作为吸收层制备了传统结构钙钛矿太阳能电池。其次介绍真空交替沉积法制备钙钛矿薄膜的技术。接着介绍以石墨炔量子点（GDs）为例对该钙钛矿电池修饰，包括对氧化钛（TiO_2）电子传输材料表面，吸收层钙钛矿（$CH_3NH_3PbI_3$）内部及表面，空穴传输层Spiro-OMeTAD，及相互之间界面的修饰，通过整体修饰，降低了电池内部的缺陷态密度，减少复合损失，进一步提高电池效率。本章不仅介绍刚性电池的制备方法，也介绍柔性电池的制备方法，而且还介绍了几种钙钛矿量子点的制备方法及应用。

5.1 刚性钙钛矿太阳能电池的制备

5.1.1 常用材料及仪器

制备钙钛矿太阳能电池常用的材料包括掺氟的氧化锡导电玻璃（F-doped Tin Oxide, FTO）、无水乙醇（CH_3CH_2OH）、丙酮（CH_3COCH_3）、异丙醇（$CH_3CHOHCH_3$）、四氯化钛（titanium tetrachloride）、聚芳胺衍生物（PTAA）、2，2′-7，7′-四（N，N′-二对甲氧基苯基氨基）9，9′-螺环二芴（Spiro-OMeTAD）、金丝（Au）、氯苯（chlorobenzene, DCB）、乙腈

（acetonitrile）、二甲亚砜（DMSO）、γ-丁内酯（GBL）、碘化铅（PbI_2）、甲胺（Methylamine）、锂盐[lithium bis（trifluoromethylsulphonyl）imide]等。

常用的仪器包括X射线衍射仪用于表征薄膜的组成和结晶性，紫外可见近红外光谱仪用来测试钙钛矿薄膜的吸收性能，原子力显微镜用来测试薄膜的表面形貌及粗糙度，台阶仪用来检测薄膜的厚度，钙钛矿薄膜的表面形貌和截面图片可用场发射扫描电子显微镜表征的，太阳能电池模拟器用来测试电池的J–V曲线，使用前用标准硅电池校正光强为1 000 W/m^2，利用外量子效率（EQE）测试系统通过与已知EQE的标准硅探测器进行比较，得到不同器件的EQE值，测试所用的光源为300 W的氙灯，薄膜的电阻是用源表在黑暗环境下测试得到的，数字示波器用来记录钙钛矿电池的开路电压衰减性质。

5.1.2 TiO_2致密层的制备

刚性钙钛矿太阳能电池中电子传输层TiO_2可采用溶液法制备，首先准备好$TiCl_4$水溶液，将装有200 mL去离子水烧杯中置于冰箱冷冻成冰，然后将2.25 mL $TiCl_4$溶液用移液枪缓慢滴加到冰块上，待冰块完全融化就得到0.2 mol/L无色澄清的$TiCl_4$水溶液。致密TiO_2薄膜是通过化学浴沉积的方法制备，首先将单面FTO导电玻璃切成小面积（如2.5 cm × 2.5 cm），放入聚四氟清洗架中分别用丙酮、异丙醇、乙醇超声30 min，氮气吹干后UVO处理15 min，然后用0.5 cm宽耐高温胶带粘贴FTO面的一边，固定在培养皿底部，将配置好的0.2 mol/L $TiCl_4$溶液倒入培养皿中，用保鲜膜封口封盖，置于恒温炉中70 ℃静置反应50 min，取出后迅速用去离子水和乙醇交替清洗，氮气吹干便得到厚度约70 nm的致密TiO_2薄膜，使用前200 ℃热台上退火30 min，然后UVO处理15 min即可用于旋涂钙钛矿薄膜。

5.1.3 溶液法制备钙钛矿薄膜及电池的组装

以$MAPbI_3$为例的钙钛矿太阳能电池（刚性器件）制备过程如下：分别配制1.0 mol/L的钙钛矿前体溶液，溶剂为GBL：DMSO =7：3的混合溶剂中，溶质PbI_2和MAI为例等比例混合，在手套箱中持续搅拌5 h后，用聚四氟乙烯的过滤头过滤掉不溶杂质待用。在制备好的TiO_2薄膜基底上，然后取60 μL的钙钛矿溶液进行旋涂，旋涂过程分为两个连续阶段，首先在1 000 r/min转速下旋转10 s，之后在4 000 r/min旋转40 s。在第二阶剩余20 s时，向旋转中的样品表面快速滴加200 μL氯代苯。旋涂完成后，将样品放到100 ℃热台上退火10 min，薄膜由无色变为棕黑色，得到钙钛矿薄膜。冷却后，将配置好的Spiro-OMeTAD溶液（90 mg的Spiro-OMeTAD溶入1 mL的氯苯溶剂中，在其中加入36 μL的4-叔丁基吡啶（TBP）和22 μL的520 mg/mL的锂盐（Li-TFSI）的乙腈溶液，在常温下搅拌2 h以上，使用前用0.22 μm的滤芯过滤）在钙钛矿表面以5 000 r/min的转速下旋转30 s，形成大概170 nm厚的薄膜，放置在干燥器中过夜，最后，选定电池面积用掩膜（Mask）热蒸发厚度为80 nm金（Au）作为阳极。

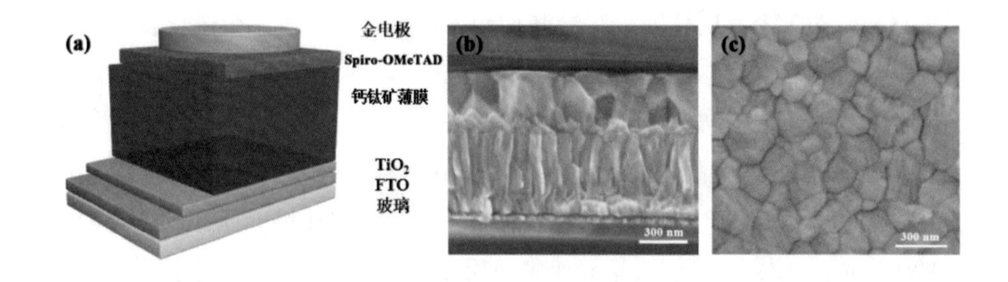

图5.1 钙钛矿太阳能电池

（a）结构；（b）截面图；（c）钙钛矿薄膜表面的SEM

采用低温水浴法制备70 nm的致密TiO_2作为电子传输层（ETL），使用GBL和DMSO混和溶剂，在旋涂时氯苯的方法制备$CH_3NH_3PbI_3$钙钛矿吸收层，通过滴加抗溶剂方法诱导$CH_3NH_3PbI_3$快速结晶析出，制备了光滑均匀的高质量钙钛矿薄膜。制备的钙钛矿薄膜组装太阳能电池，器件的结构为FTO/TiO_2/perovskite/Spiro-MeOTAD/Au，如图5.1（a）所示。图5.1（b）为器件的截面图，可以看出钙钛矿吸收层约410 nm左右。薄膜晶粒之间的晶界都是纵向垂直于基底的，表明载流子在器件中传输和收集过程中会很少遇到晶界，这样有利于减少晶界处载流子的复合。样品的平面SEM图[图5.1（c）]显示此钙钛矿薄膜由较大的钙钛矿晶粒组成，具有很好的均一性，而且实现了基底的全覆盖。为进一步减少晶界抑制载流子的俘获和复合，有效的降低光生载流子在传输过程中由缺陷和杂质造成的复合概率。本章即将介绍基于石墨炔量子点的优异性能，分别对钙钛矿电池的各层界面和内部做相应的修饰，目的就是降低整个电池的缺陷态密度，提高光生载流子的传输和利用率，获得高效率电池性能。

5.1.4 真空交替沉积法制备钙钛矿薄膜及电池的组装

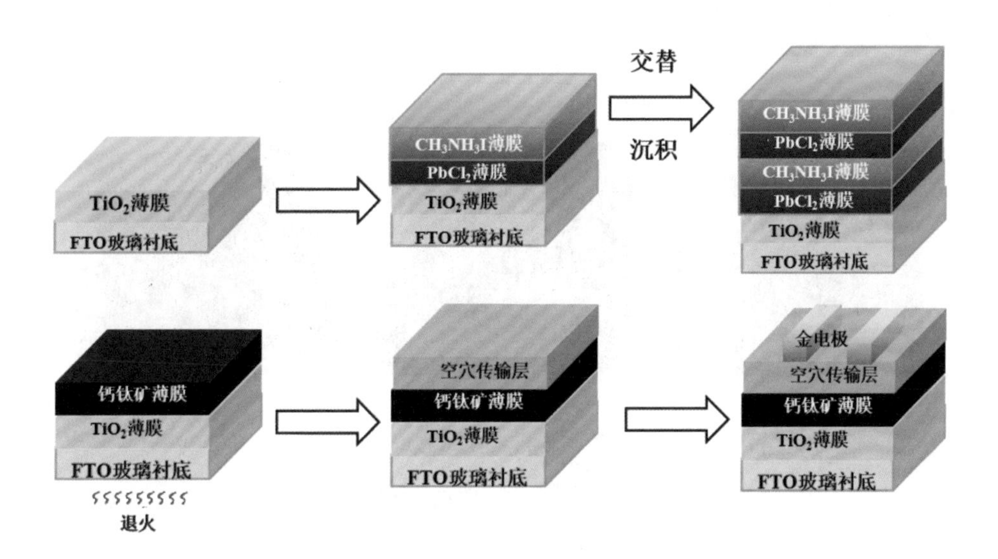

图5.2 真空交替沉积法制备钙钛矿太阳能电池的过程

采用真空交替沉积法制备钙钛矿的技术得到足够厚度的钙钛矿薄膜，如图5.2所示。首先在FTO/TiO_2基底上沉积100 nm的$PbCl_2$（无色透明的薄膜），接着在其上沉积600 nm的MAI；冷却后，继续沉积100 nm的$PbCl_2$，然后在其上沉积600 nm的MAI（样品颜色由无色透明转变为褐色），循环交替沉积，直到得到所需厚度的薄膜为止；将样品在120 ℃下退火2 h，得到钙钛矿薄膜（样品颜色由褐色转变为黑色），将FTO/TiO_2样品放入真空蒸发设备中，同时将$PbCl_2$和MAI分别放入石英坩埚中，置于真空蒸发设备的热源中，然后开始抽真空，待真空度达到5×10^{-4} Pa后，开始沉积$PbCl_2$和MAI材料。首先，在310 ℃下沉积一定厚度的$PbCl_2$薄膜，然后在110 ℃下沉积过量的MAI，循环反复这两步，直到得到合适厚度的薄膜；然后待腔体冷却后，取出样品，在120 ℃下加热退火处理2 h，得到钙钛矿薄膜，各个时期样品的颜色变化如图5.3所示；冷却后，将配置好的spiro-OMeTAD溶液（90 mg的spiro-OMeTAD溶入1 mL的氯苯溶剂中，在其中加入36 μL的4-叔丁基吡啶和22 μL的520 mg/mL的锂盐的乙腈溶液，在常温下搅拌2 h以上，使用前用0.22 μm的滤芯过滤）在4 000 r/min的转速下旋涂在钙钛矿表面，形成大概190 nm厚的空穴传输层，放置在干燥器中过夜；最后，蒸镀100 nm的Au作为阳极。

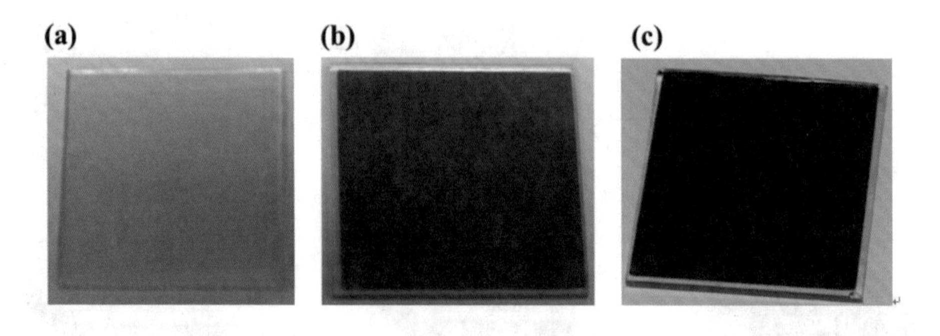

图5.3 （a）$PbCl_2$薄膜沉积在FTO/TiO_2基底上的照片（b）MAI沉积在$PbCl_2$薄膜上未经退火时的照片（c）MAI沉积在$PbCl_2$薄膜上经120 ℃退火后的照片

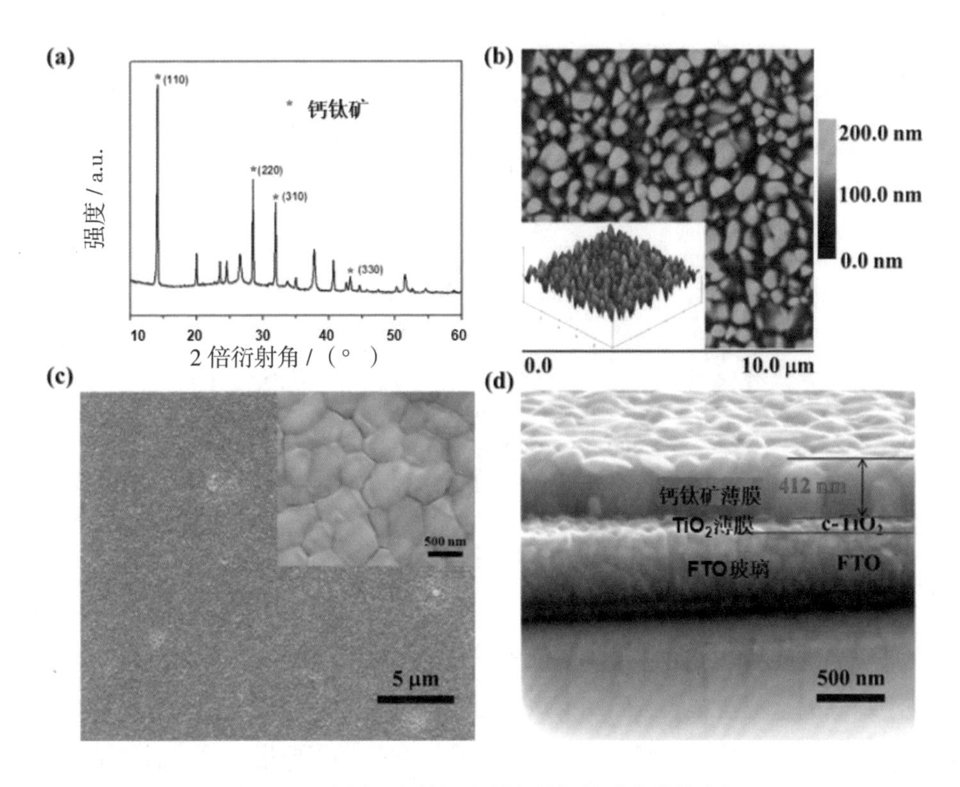

图5.4 两次循环交替沉积制备的钙钛矿薄膜的表征

（a）XRD，（b）AFM，（c）平面SEM，（d）截面SEM

通过两次循环交替沉积以及后期的退火处理得到较厚的钙钛矿薄膜，对此薄膜进行XRD、AFM以及SEM表征，结果如图5.4所示。从XRD图中可以看出，钙钛矿薄膜有很好的结晶性且纯度较高，除钙钛矿的特征峰以外无其他杂峰。图中14.15°、28.48°、31.92°和43.24°分别对应钙钛矿的（110）、（220）、（310）和（330）的特征峰。AFM测试表明此法制备的钙钛矿薄膜的表面粗糙度只有26.8 nm，远远小于溶液法制备的钙钛矿薄膜的粗糙度（52.7 nm）。这主要是因为真空法可以得到平滑的$PbCl_2$薄膜，因此反应后得到的钙钛矿薄膜表面也比较平滑，光滑的表面可以改善器件中各层之间的接触，有利于电池性能的提升。

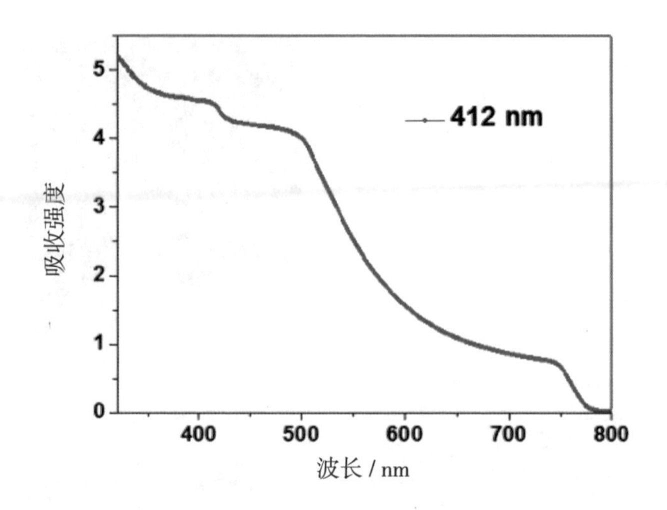

图5.5 两次真空交替沉积制备的钙钛矿薄膜的吸收光谱

样品的平面SEM图显示此钙钛矿薄膜由较大的钙钛矿晶粒组成，而且实现了基底的全覆盖。从截面图可以看出，钙钛矿的大晶粒垂直贯穿了整个薄膜，这样有利于减少晶界处载流子的复合。另外，需要指出的是两次循环交替沉积后，钙钛矿薄膜的厚度由204 nm增加到412 nm，图5.5给出了412 nm钙钛矿薄膜的吸收光谱，可以很明显地看出，吸收强度显著增加，吸收的最大强度超过5，较强的吸收可以吸收更多的太阳光，有利于提高器件的短路电路密度。

5.1.5 石墨炔块体和量子点的表征及对钙钛矿电池修饰

石墨炔（GD）是由1, 3–二炔键与苯环形成的平面网状结构的全碳分子，具有优良的化学稳定性和半导体性能[24]。石墨炔与金刚石互为同素异形体，有望代替半导体材料硅在电子产品中得到广泛应用。在室温下，6,6,12–石墨炔的本征空穴和电子迁移率可分别达到4.29×10^5 cm^2/V/s和5.41×10^5 cm^2/V/s，这要比石墨烯（约3×10^5 cm^2/V/s）大[25, 26]。石墨炔在费米能级附近具有两个不同的狄拉克锥，这表示石墨炔为自掺杂半导体材料，具有电荷载流子，不像石墨烯需要额外掺杂，因此能作为制作电子元件所需的优良半导体材料[27, 28]。石墨炔在太阳能电池的空穴传输层和电子传输层中发挥其独特的改善作用，在包括有机、钙钛矿等太阳能电池中得到显著的应用效果。由于石墨炔的高电荷传输能力，以及复合后在活性层可形成高效率的渗滤通路，通过掺杂GD有效提高了结构为ITO/PEDOT:PSS/P3HT:PCBM:GD/Al有机高分子太阳能电池效率[29]。石墨炔作为掺杂物加入钙钛矿太阳能电池聚3-己基噻吩（P3HT）空穴传输层中，提高了P3HT中载流子浓度，使钙钛矿向P3HT的空穴传输更顺畅，不仅有效提高了电池效率，而且由于石墨炔本身与钙钛矿材料之间的化学惰性，所制备电池器件的稳定性显著提高[30]。石墨炔也作为掺杂物添加到倒置结构的钙钛矿太阳能电池PCBM层中改善其电子传输性能。优化后其能量转化效率（PCE）可达14.8%。对比于仅包含PCBM的钙钛矿太阳能电池，其PCE增加了约28.7%[31]。这些研究只涉及石墨炔对电池中电子传输层或者空穴传输层做单一修饰，未对电池整体修饰。

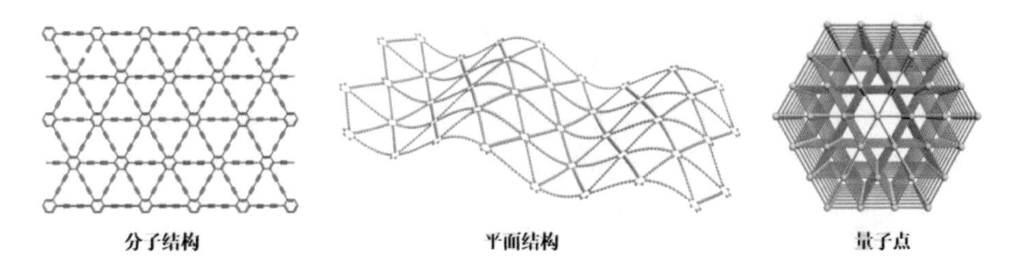

图5.5　石墨炔（GD）的结构

石墨炔（GD）的分子结构如图5.5所示，它可以被看作是石墨烯中三分之一的C–C中插入两个C≡C（二炔或乙炔）键。这使得石墨炔中不仅具备苯环，而且是由苯环、C≡C键构成的具有18个C原子的大三角形环。sp和sp^2杂化的炔键和苯环构成了单原子层二维平面构型的石墨炔分子。二维平面石墨炔分子通过范德华力和π–π相互作用堆叠，形成层状结构，18个C原子的大三角形环在层状结构中构成三维孔道结构。平面的sp^2和sp杂化结构赋予石墨炔很高的π共轭性、均匀分散的孔道构型以及可调控的电子结构性能。

石墨炔既具备类似于石墨烯的单层平面二维材料的特点，同时又具有三维多孔材料的特征。与石墨烯结构相似，在无限的平面扩展延伸中，为保持构型的稳定，石墨炔的单层二维平面构型会形成一定的褶皱。将石墨炔块体材料制备成量子点，可以形成密堆积结构。

将石墨炔粉末从铜片上剥离后，100 ℃真空干燥5 h。将其粉末以0.5 mg/mL分散到氯苯（CB）和二甲基亚砜（DMSO）中，60 ℃超声搅拌12 h后，8 000 r/min离心5 min去除沉淀的碎片。然后将上清液移入烧瓶，140 ℃强烈搅拌6 h，最后将形成的悬浊液10 000 r/min离心5 min去除沉淀，取上清液形成淡黄色量子点溶液，溶液浓度约0.1 mg/mL。经稀释形成浓度分别为0.002 mg/mL、0.01 mg/mL和0.05 mg/mL的溶液待用。在搅拌过程中一定要保证容器是密封的，以免造成溶剂挥发使溶液的浓度偏大。

不同浓度的石墨炔量子点二甲基亚砜（DMSO）溶液用于配置钙钛矿溶液，通过旋涂形成石墨炔量子点掺杂的钙钛矿薄膜，用GD-doped perovskite表示。不同浓度的石墨炔量子点氯苯（CB）溶液用来代替纯氯苯溶液以抗溶剂的形式修饰钙钛矿薄膜，用GD-treated perovskite表示。用不同浓度的石墨炔量子点氯苯（CB）溶液用来代替纯氯苯溶液用来配置Spiro-OMeTAD溶液形成石墨炔掺杂的Spiro-OMeTAD溶液，用GD-doped Spiro-OMeTAD表示。不同浓度的石墨炔量子点氯苯（CB）溶液取100 μL配置好的溶液滴加到FTO/TiO_2薄膜表面，用旋涂的方法在5 000 rpm下旋涂40 s，然后UVO处理20 min，形成石墨炔量子点修饰的TiO_2薄膜，用O-GD-coated TiO_2表示。

如图5.6（a）所示为GD在铜片上合成后的照片，剥离后的GD粉末如图5.2（b）所示。图5.6（c）所示为GD粉末的SEM图，可以看出，GD是由小纳米片组成，呈层状结构[图5.6（d）]，小纳米片的尺寸约几百纳米，每一个纳米片由许多微小的纳米颗粒组成。通过将GD粉末在氯苯超声搅拌分散后，如图5.6（e）的高分辨TEM所示，可以发现分散后的GD形成不连续的量子点小颗粒，大小均匀（3～5 nm），分散性好。内插图为GD粉末在不同溶液中超声分散的结果，结果显示GD量子点可以很好地分散到氯苯和DMSO中，随着溶剂极性升高，分散性变差。结果表明GD量子点与其他二维量子点的制备相同，很容易将其剥离成纳米片，并在极性溶剂中进一步剪切成量子点结构。

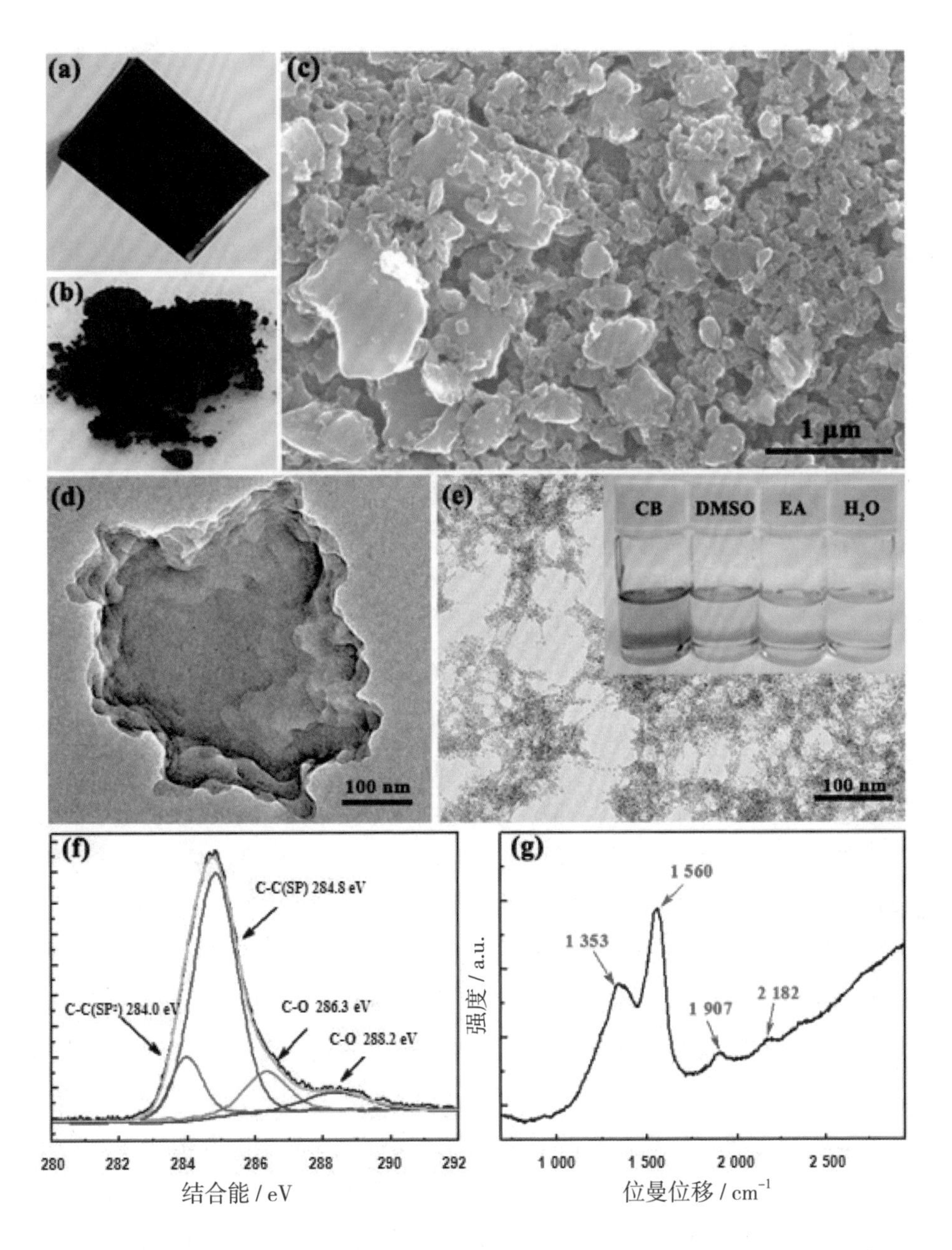

图5.6 （a）铜片上合成的GD照片；（b）GD的粉末照片；（c）GD的粉末的SEM照片，（d）GD的粉末的TEM照片；（e）GD粉末在氯苯溶液中超声分散后的高分辨TEM照片，内插图为GD在不同溶液（氯苯、DMSO、乙酸乙酯、水）中超声分散的结果；（f）GD的光电子能谱曲线；（g）GD的拉曼曲线

GD是全碳分子，如图5.6（f）XPS谱所示，碳C 1s峰（284.7 eV）清晰可见。对其高斯和洛伦兹拟合后，1s峰分解为4个小峰，分别位于284 eV、284.8 eV、286.3 eV和288.2 eV，各自代表C–C（sp^2）、C–C（sp）、C–O和C=O四种不同的键合方式，C–O中的氧来源于材料对氧气的吸附。GD的拉曼光谱如图5.6（g）所示，1 353 cm^{-1}和1 560 cm^{-1}处峰分别代表sp^2芳香环中C键的弯曲和伸缩振动峰。而1 907 cm^{-1}和2 182 cm^{-1}处峰代表炔键峰（—C≡C —C≡C —）进一步确定是GD粉末。

可采用石墨炔量子点对钙钛矿电池各层及界面都做修饰，通过改变石墨炔量子点的浓度，优化修饰工艺。可将上述优化结果综合应用到整个钙钛矿太阳能电池中，制备结构为FTO/GD–coated TiO_2/GD–doped perovskite/GD–doped spiro–OMeTAD/Au的钙钛矿太阳能电池。图5.7（a）、（b）和表5.6给出了其*J–V*曲线、EQE曲线和性能参数。与未修饰参比器件相比，整体修饰后，器件的J_{SC}、V_{OC}和FF均显著提升，反扫效率从17.17%提高到19.89%。J_{SC}值与EQE积分所得的电流密度一致。修饰后TiO_2的导带位置升高，Spiro–OMeTAD价带位置降低，使电子和空穴传输层之间的能级差变大，所以V_{OC}增大。同时由于石墨炔量子点从体掺杂到表面修饰，使钙钛矿与空穴传输层价带能级逐渐递减，传输电荷更平滑，减少了器件中载流子的复合，更多的电子能够被电极收集，导致J_{SC}和FF显著提升。*J–V*测试时正向扫描（从J_{SC}到V_{OC}）和反向扫描（从V_{OC}到J_{SC}）的电池性能基本不变。

可通过制备100个未修饰和石墨炔量子点整体修饰的太阳能电池，考察器件的重复性，计算其各自的平均效率和标准偏差。参比电池的平均效率为17.17%，标准偏差为0.68%，而石墨炔量子点整体修饰的电池的平均效率为19.89%，标准偏差为0.38%。图5.7（c）是器件效率的分布图，可以看出，基于m–TiO_2电子传输层器件的效率分布区间较窄。较小的效率标准偏差和较窄的效率分布区间均表明基于石墨炔量子点整体修饰的钙钛矿太阳能电池有更好的重复性。同时，可在最大输出功率点处固定电压，测试其电流，如图5.7（d）所示，电池的电流很快达到稳定状态，与*J–V*结果非常接近，验证了上面观察到的几乎无*J–V*滞后效应的现象。

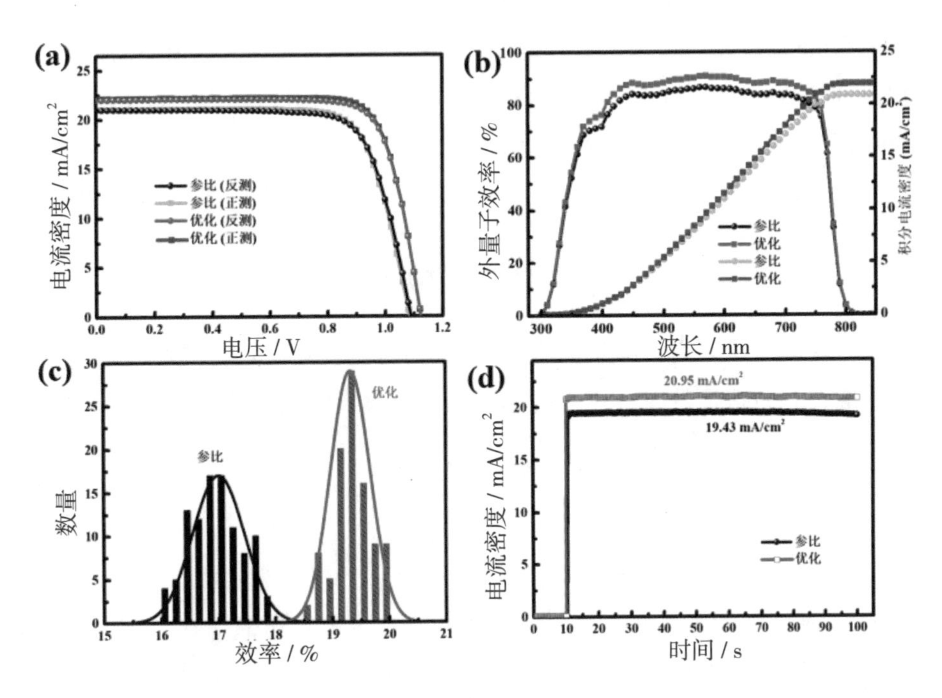

图5.7　参比与GD量子点修饰的钙钛矿太阳能电池的比较

（a）正反扫描的J-V曲线；（b）IPCE和积分电流；

（c）效率分布图；（d）最大输出功率点处的稳态电流测试

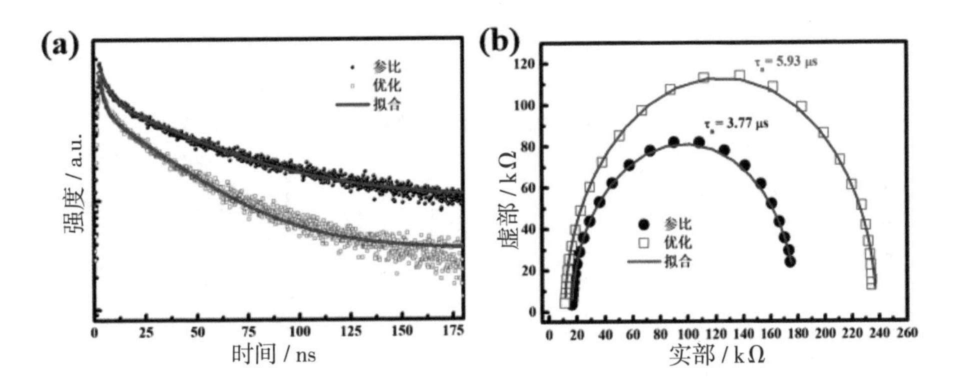

图5.8　参比与GD量子点修饰的钙钛矿太阳能电池的比较

（a）荧光衰减曲线；（b）EIS图

荧光寿命测量可以用来更好地了解载流子从钙钛矿到电极传输的动力学过程。对FTO/TiO_2/perovskite和FTO/GD-coated TiO_2/GD-modified perovskite样品进行荧光衰减测试，可理解石墨炔量子点修饰的电池性能优于参比电池的原因，将荧光寿命曲线图利用指数方程（5-1）进行拟合。

$$f(t)=\sum_{i} A_i \exp(-t/\tau_i)+K \tag{5-1}$$

其中，τ_i为载流子寿命，A_i为不同载流子寿命所占比例，K为常数。为了确定TRPL拟合时的幂指数以及更好的理解钙钛矿薄膜中载流子复合的动力学机理，用式（5-2）将整个复合类型分为三部分。

$$-\frac{dn}{dt}=An+Bn^2+Cn^3 \tag{5-2}$$

其中，n为过剩的光生载流子密度，t为时间。此公式中等式右边三项的物理含义是：（1）一次方的衰减项对应低注入情况下载流子的陷阱复合（Shockley－Hall-Read）；（2）二次方的衰减项对应高注入情况下自由载流子的复合；（3）三次方的衰减项对应俄歇复合。钙钛矿沉积在玻璃基底上时，产生的载流子不能够导出，因此，二次方的衰减项消失，对应的是一次幂指数。当钙钛矿沉积TiO_2基底上时，产生的载流子可以顺利注入TiO_2电子传输层中，因而对应二次幂指数。将如图5.8（a）所示的荧光衰减曲线进行单双指数（TiO_2/perovskite）拟合，拟合的参数列于表5.7中。

表5.7 基于不同基底的钙钛矿薄膜的荧光寿命拟合参数

器件	平均寿命 / ns	τ_1 / ns	τ_2 / ns	τ_1 / %	τ_2 / %
参比	35.50	41.47	3.74	32.44	67.56
优化	22.71	28.90	2.05	20.17	79.83

未修饰时，τ_1和τ_2分别是41.47 ns和3.74 ns，与之对应的比例为32.44%和67.56%；石墨炔量子点修饰后，τ_1和τ_2分别是28.9 ns和2.05 ns，与之对应的比例为20.17%和79.83%。用式（5-3）分别计算其平均荧光寿命。

$$\tau_{ave}=\frac{\sum A_i\tau_i^2}{\sum A_i\tau_i} \tag{5-3}$$

可以看出，未修饰的钙钛矿薄膜的平均荧光寿命为35.5 ns，当石墨炔量子点修饰后，平均荧光寿命降至22.71 ns。较短的荧光寿命表明钙钛矿中产生的载流子可以被快速的导出，有利于钙钛矿太阳能电池中载流子的抽取和收集，因此，基于石墨炔量子点修饰的钙钛矿太阳能电池的J_{SC}和FF较大。

电化学阻抗谱（EIS）是研究钙钛矿太阳能电池中界面处载流子传输的有效手段之一。对基于参比和石墨炔量子点整体修饰的钙钛矿电池进行（EIS）测试，如图5.8（b）所示。通过内插图的等效电路图进行拟合，拟合的性能参数列于表5.8中。等效电路由串联电阻（R_s）、界面传输电阻（R_{tr}）（包括钙钛矿与电子和空穴传输层的传输电阻）、复合电阻（R_{rec}）以及与之对应的电容（C_{tr}和C_{rec}）组成。钙钛矿太阳能电池中，一般高频区（图中靠左部分）对应R_{tr}，低频区（图中靠右部分）对应R_{rec}，拟合曲线与Z'左边的交点即为R_s。本书中所用的空穴传输层都是Spirol-OMeTAD，因而不同的器件对应的空穴传输电阻是一样的，R_{tr}可以直接反应电子的传输能力。从拟合的数据可以看出，未修饰时，器件的R_s和R_{rec}分别为16.4 Ω和81 Ω，当石墨炔量子点修饰优化后，R_s降低为11.5 Ω，R_s的降低有利于电荷的传输，而R_{rec}增加为113 Ω，这抑制了载流子在电池中的复合。

表5.8　石墨炔量子点修饰前后钙钛矿太阳能电池EIS的拟合参数

	串联电阻/Ω	传输电阻/Ω	复合电阻/Ω	串联电容/F	传输电阻/F	寿命/μs
参比	16.4	81	81	5.3×10^{-8}	5×10^{-8}	3.77
优比	11.5	113	113	4.5×10^{-8}	4×10^{-8}	

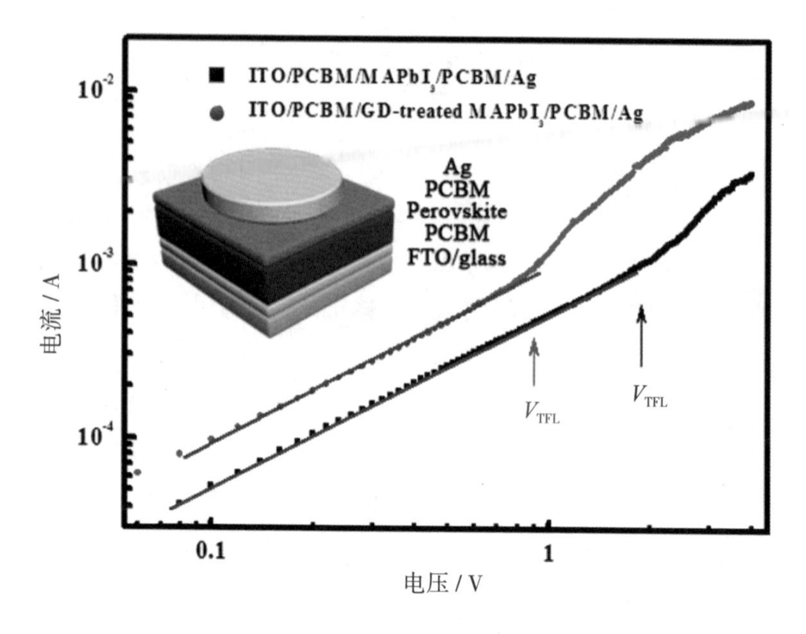

图5.9 未掺杂和GD量子点掺杂$MAPbI_3$单电子器件的暗态I–V曲线

通过测试钙钛矿单电子器件暗态I–V特性可检测钙钛矿薄膜的缺陷态密度，可制备无掺杂器件与GD量子点掺杂的$MAPbI_3$钙钛矿单电子器件（图5.9），通过测试暗态I–V，分析可得GD量子点对钙钛矿薄膜的缺陷态密度的降低。利用式（5–4）计算钙钛矿中电子缺陷态密度。

$$V_{TFL}=\frac{en_{trap}L^2}{2\varepsilon_0\varepsilon} \tag{5-4}$$

其中，e为元电荷电量，L为钙钛矿薄膜的厚度，ε_0为真空介电常数，ε 为钙钛矿材料的介电常数（ε =28.8，），n_t为缺陷态密度。V_{TFL}可以从暗态I–V图中直接读出。计算得出$MAPbI_3$量子点薄膜和的V_{TFL}和电子缺陷态密度分别为1.78 V、3.15×10^{16} cm^{-1}，石墨炔量子点掺杂后降低为0.91 V、1.51×10^{16} cm^{-1}。计算结果表明，掺杂由于石墨炔量子点可以很好的钝化钙钛矿表面的电子缺陷，使缺陷态密度减少，使缺陷态密度减少，这是石墨炔量子点修饰后效率提高及器件J–V滞后效应几乎消失的最重要的原因之一。

5.2 柔性钙钛矿太阳能电池制备

柔性太阳能电池具有质量轻、可折叠弯曲、可以实现卷到卷大面积生产以及易于保存、运输等突出优点受到了科研界和工业界的广泛关注[32,33]。近年来，有机–无机卤化钙钛矿材料以其独特的光电性能，引起了人们广泛的关注[34–38]，目前基于有机–无机卤化钙钛矿材料的刚性太阳能电池的效率已经超过20%[39–48]。由于钙钛矿材料具有较大的光吸收系数，几百纳米的钙钛矿薄膜就可以吸收足够的光，另外钙钛矿材料还具有较好的机械性能，因此可以将其制备成柔性太阳能电池。2013年，Kumar等人，并将其作为电子传输材料制备出效率为2.62%的柔性钙钛矿太阳能电池[49]。2014年，Liu研究组采用ZnO纳米颗粒作为电子传输材料，制备的柔性钙钛矿太阳能电池效率达到10.3%[50]。2015年，可在室温下利用磁控溅射制备了TiO_2电子传输材料，将柔性钙钛矿太阳能电池的效率提升到15.07%。同年，Seok研究组在低温溶液法合成了Zn_2SnO_4电子传输材料，基于此材料的柔性钙钛矿器件效率也突破了15%[51]。2016年，可采用可低温溶液加工的固态离子液体作为电子传输材料，制备的柔性钙钛矿器件效率达到16.08%[52]。同年，Yoon等人制备了反式结构的柔性钙钛矿太阳能电池，通过优化工艺参数将效率提升到了17.3%[53]。从2013年到2022年，科研人员通过选择低温化学浴、磁控溅射、低温溶液等方法制备适合柔性电池的电子传输材料，并改性钙钛矿薄膜用于柔性钙钛矿太阳能电池，电池效率已经由最初的2.62%发展到22%[49–53]。本节介绍采用室温下磁控溅射制备的TiO_2作为电子传输材料，制备柔性钙钛矿太阳能电池。

5.2.1 磁控溅射制备TiO_2电子传输材料

高效率钙钛矿太阳能电池中，尤其是平面型结构，电子传输层至关重要。一般要求电子传输层具有高透光性、高电子迁移率、低电荷传输电阻以及与钙钛矿材料相匹配的能级位置。目前，在高效率钙钛矿太阳能电池中主要的电子传输材料有TiO_2、ZnO、Al_2O_3、ZrO_2等[50,54,55]。ZnO材料虽然可以实现低温制备，但是基于ZnO材料的钙钛矿太阳能电池的稳定性极差[56]，限制了其应用推广。基于Al_2O_3和ZrO_2的钙钛矿太阳能电池表现出优良的光电性能以及较高的环境稳定性，但是这些材料均需要高温处理，另外，Al_2O_3和ZrO_2为绝缘材料，导致电荷传输过程中产生较大的阻力，使电池的J_{SC}降低[57,58]。

使用最广泛且性能最优的仍然是结晶性的TiO_2电子传输材料，但是喷雾热解、旋涂、溶胶–凝胶以及水浴法制备TiO_2薄膜时[59–61]，均需要高温退火（大于450℃）得到高质量的晶化TiO_2薄膜[62–64]，使其不能在聚合物的柔性基底上制备，因此不能应用到柔性钙钛矿太阳能电池中。虽然也可以利用原子层沉积、微波煅烧、高压反应以及电化学沉积实现TiO_2的低温制备，但是遗憾的是其性能均比高温烧结的TiO_2差[65–68]。另外，通常所用的锐钛矿型钙钛矿（简称an–TiO_2）的费米能级在–4.0 eV附近[69]，与$MAPbI_3$钙钛矿材料的导带位置（–3.9 eV）非常接近，使得两者之间的能级差太小，不能有效的促进电子从钙钛矿吸光层向电子传输层传输[70]，因此，也需要发展可低温下制备且具有更合适费米能级的TiO_2电子传输材料的制备方法。针对此问题，可以在室温下利用磁控溅射制备TiO_2电子传输层，拉曼光谱、XRD以及高分辨透射电子衍射测试可证明室温下制备的TiO_2以非晶的形式存在。通过稳态以及时间分辨荧光，阻抗谱等表征分析发现，利用磁控溅射在室温下制备的非晶TiO_2（简称am–TiO_2）作为柔性钙钛矿电池的电子传输层，电子可以较快的从钙钛矿吸光层注入电子传输层中，有效抑制了载流子在界面处的复合，同时可以降低传输电阻，易于电荷被相应的电极收集。该方法对制备大面积卷到卷柔性钙钛矿太阳能电池提供了切实可行的途径。

首先介绍TiO_2电子传输层的制备，将FTO玻璃和PET/ITO柔性基底切割成合适尺寸进行清洗，依次放入去离子水、丙酮、异丙醇中分别超声15 min，然后用氮气枪吹干。用紫外臭氧（UVO）清洗机对基底表面处理15 min，然后利用磁控溅射（PVD）设备通过直流溅射制备60～70 nm的TiO_2致密薄膜，具体制备方法和条件如下：将样品置于磁控溅射的腔体中，待真空度达到

6×10^{-4} Pa后，通入Ar（纯度为99.998%）：O_2（纯度为99.998%）= 100：15的Ar/O_2混合气，保持腔体的溅射压力为1 Pa左右，打开直流电源，设置溅射功率为200 W，先将金属钛靶（纯度为99.995%）预溅射5 min，然后打开样品前面的挡板，开始在样品上沉积TiO_2，溅射一定的时间使TiO_2厚度达到60～70 nm，然后停止溅射，取出样品。整个制备过程中，始终保持基底处于室温状态。为做对比介绍，部分溅射在FTO玻璃基底上的TiO_2样品在500 ℃下退火30 min，生成锐钛矿型an-TiO_2，其他样品不做任何处理即为非晶型am-TiO_2。

用磁控溅射在室温下制备的TiO_2性质可能与高温退火后的TiO_2存在差异。对室温下制备的未高温处理的TiO_2进行高分辨透射电镜（HRTEM）和电子衍射表征，如图5.10所示，HRTEM图中并未观察到TiO_2的结晶颗粒和条纹，电子衍射图中只有背景的衍射图样，并没有属于TiO_2晶体的延时亮斑，证明室温下磁控溅射制备的TiO_2以非晶的状态存在。

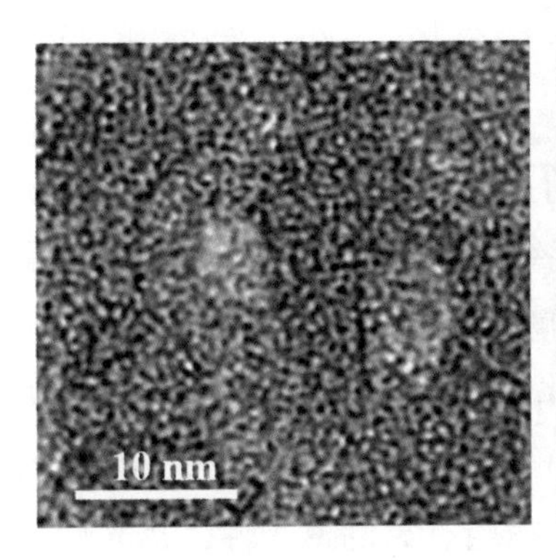

图5.10　室温下制备的TiO_2未高温处理的HRTEM（左）和电子衍射（右）图

同时，对未高温和高温处理的TiO_2样品进行了拉曼光谱（Raman）和掠入射XRD表征。图5.11（a）的Raman图中显示，未高温处理的TiO_2是非晶状态，而500 ℃高温处理后，在147 cm^{-1}处出现了锐钛矿的特征峰，表明非晶的TiO_2转变为锐钛矿型TiO_2。XRD测试显示，如图5.11（b）所示高温处理后，在25.37°、48.12°、53.97°和62.74°出现了锐钛矿的（101）、（200）、（105）和（204）的结晶峰，进一步证实室温下磁控溅射制备的TiO_2以非晶的状态存在。

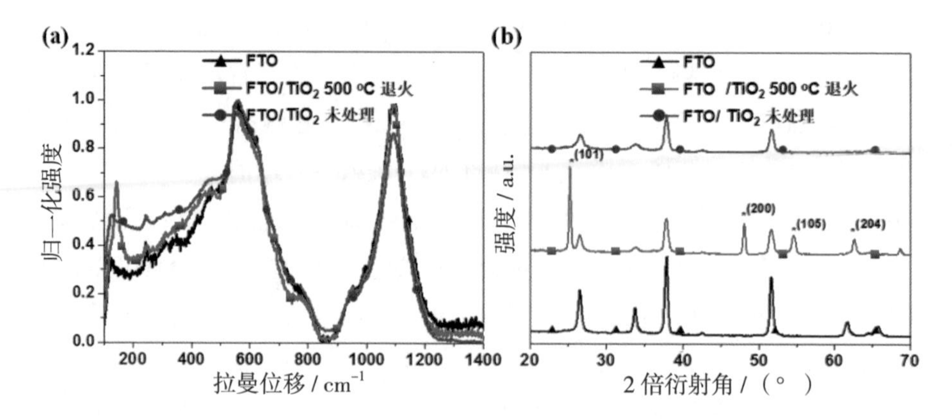

图5.11 室温下制备的TiO_2未高温和高温处理的（a）Raman和（b）XRD谱图

对an-TiO_2和am-TiO_2进行表面形貌的表征，同时利用开尔文探针显微镜（KPFM）对其费米能级进行确认。图5.12（a）和图5.12（c）是an-TiO_2和am-TiO_2的表面形貌图，可以看出退火和未退火的TiO_2形貌并没有发生变化，均是由100～150 nm的颗粒组成的薄膜，an-TiO_2和am-TiO_2薄膜比较平滑，表面粗糙度约为12.7 nm。图5.12（b）和图5.12（d）是an-TiO_2和am-TiO_2的表面电势图，通过计算得出an-TiO_2的费米能级为-4.01 eV，而am-TiO_2的费米能级为-4.15 eV。am-TiO_2的费米能级比an-TiO_2的低0.14 eV，这是由于在溅射制备的TiO_2存在氧空位，这些氧空位在后期的退火处理时将被填充。未退火的am-TiO_2中的氧空位导致在TiO_2的价带和导带之间产生杂能级，使得am-TiO_2的价带和导带向下移动，因而am-TiO_2的费米能级也随着下移。

钙钛矿太阳能电池中要求电子传输层有高的透光性，透光性越好到达钙钛矿吸光层的光子越多，有利于器件J_{SC}的提高。因此，需要对an-TiO_2和am-TiO_2薄膜进行透光性测试。图5.13给出了FTO、FTO/an-TiO_2和FTO/am-TiO_2的透过光谱。可以看出，在400～800 nm的波长范围内，FTO/an-TiO_2和FTO/am-TiO_2薄膜的平均光透过均大于78%，与单纯的FTO接近。以上测试结果表明am-TiO_2作为钙钛矿太阳能电池中的电子传输层具有平滑的表面、合适的能级位置以及很好的光透过性，这些均有利于钙钛矿太阳能电池性能的提升。

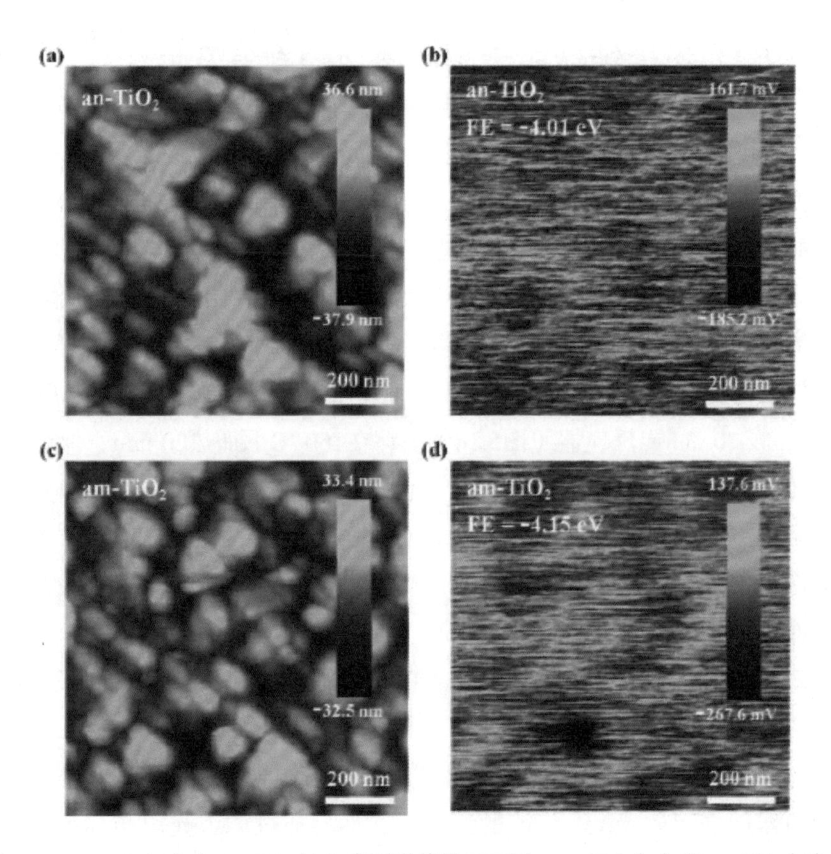

图5.12　an-TiO_2（a）和am-TiO_2（b）表面形貌的AFM图；an-TiO_2（c）和am-TiO_2（d）表面电势的KPFM图

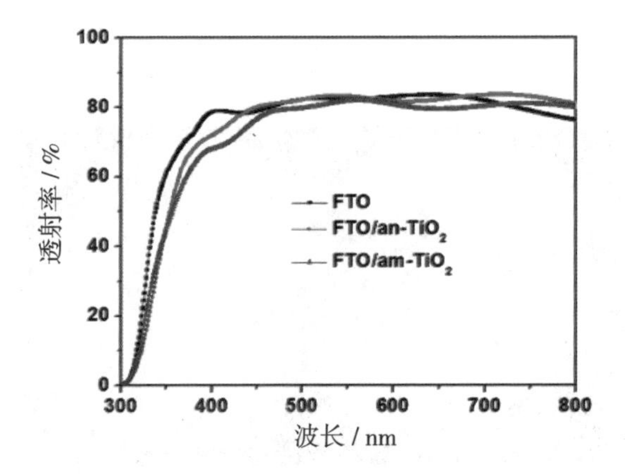

图5.13　FTO/an-TiO_2 和FTO/am-TiO_2薄膜的透过光谱

5.2.2 柔性钙钛矿太阳能电池的制备及性能

钙钛矿太阳能电池（包括柔性和刚性器件）制备过程如下：（1）在制备好的TiO_2基底上通过真空热蒸发在310 ℃下沉积厚度为150 nm的$PbCl_2$薄膜，蒸发的速率大约为1 Å/s，整个蒸发过程中，基底始终保持在室温状态；（2）待真空腔体冷却至室温（大概需要1 h）时，将蒸发了$PbCl_2$的样品转移到氮气填充的手套箱中；（3）将样品正面朝下置于表面均匀分散了MAI粉末的70 mm × 70 mm铝反应器（图5.14）上，在150 ℃下加热20 min，保证$PbCl_2$完全转变为钙钛矿，样品的颜色由无色透明转变为黑褐色；（4）将反应后的样品转移到培养皿中，冷却30 min，用50 mL的异丙醇冲洗表面，洗掉表面附着的MAI，然后用氮气吹干，将样品在70 ℃下加热5 min；（5）冷却后，将配置好的spiro-OMeTAD溶液在4 000 r/min的转速下旋涂在钙钛矿表面，形成大概170 nm厚的空穴传输层，放置在干燥器中过夜；最后，热蒸发厚度为80 nm的Au作为阳极。

测试柔性和刚性器件*J*–*V*特性曲线时所用光源为太阳能电池模拟器，在光源与器件之间放置AM 1.5G的滤光片，然后通过调节光源与标准硅电池（SRC-1000-TC-Quartz）的距离，校正光强，使照射到器件表面的光强为100 mW/cm^2，使用由电脑通过软件控制的数据源表得到*J*–*V*特性曲线。利用IPCE测试系统通过与已知IPCE的标准硅探测器进行比较，得到不同器件的IPCE值，测试IPCE时所用的光源为300 W的氙灯。

图5.14　表面均匀分散了MAI粉末的铝反应器

从上面的分析可知，am-TiO_2具有优异的性质，且可在室温下制备。因此，可用来制备柔性钙钛矿太阳能电池，电池结构为PET/ITO/am-TiO_2/perovskite/spiro-OMeTAD/Au。具体的结构图以及柔性器件的照片如图5.15所示。

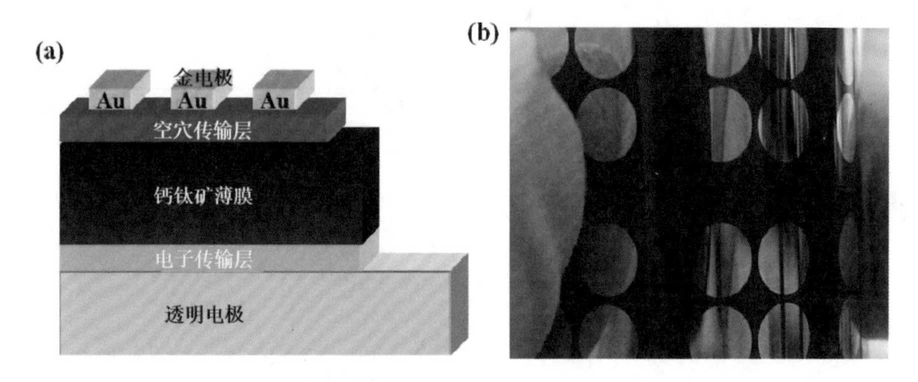

图5.15 （a）钙钛矿太阳能电池的结构图；（b）柔性器件的照片

同时，在刚性基底ITO玻璃上制备了相同结构的钙钛矿太阳能电池作为对比可以用来分析晶相和非晶相TiO_2对电池性能的影响。器件的J–V曲线、IPCE以及性能见图5.16。基于am-TiO_2的刚性钙钛矿太阳能电池的J_{SC} = 21.68 mA/cm^2，V_{OC} = 1.03 V，FF = 0.72，效率达到16.08%，而柔性器件的效率达到15.07%。相比于刚性器件，J_{SC}降低比较明显，V_{OC}和FF几乎没有降低。柔性器件的IPCE在300～600 nm处明显低于刚性器件，这是由于在此波长范围内，图5.17所示柔性ITO基底的透光性能比刚性ITO显著降低，因此柔性器件的J_{SC}比刚性器件低，导致效率略有下降。另外，可测试柔性钙钛矿器件的机械性能，将柔性电池以65° 的曲度弯曲100次后，测试其J–V特性[图5.16（a）]，可以看出电池的性能几乎没有降低，表面基于am-TiO_2的柔性钙钛矿太阳能电池具有优异的机械性能。

可分次制备柔性器件，检测基于am-TiO_2电子传输层的柔性钙钛矿太阳能电池的重复性，例如图5.17（b）所示。15个柔性器件的平均效率达到14.09%，标准偏差较小，只有0.5%，且效率呈高斯分布，大部分集中在14%附近，表明基于am-TiO_2的柔性钙钛矿太阳能电池具有很好的重复性。

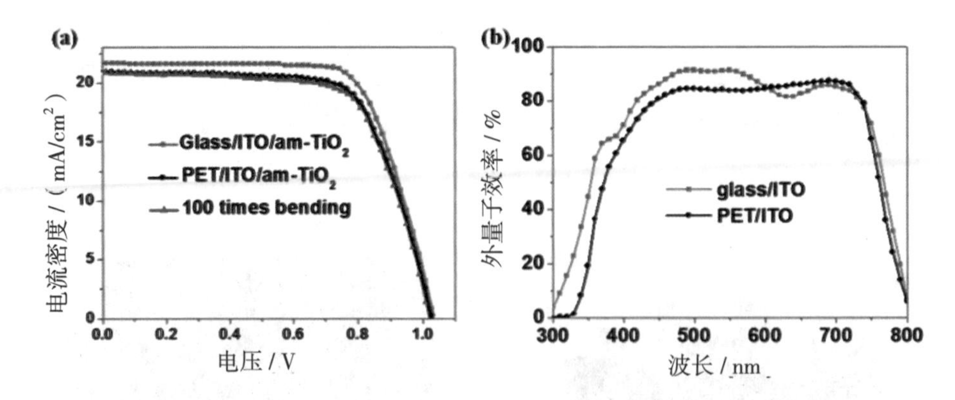

图5.16 （a）刚性和柔性器件*J*–*V*曲线以及柔性器件弯曲100次前后的*J*–*V*曲线；（b）刚性和柔性器件的外量子效率

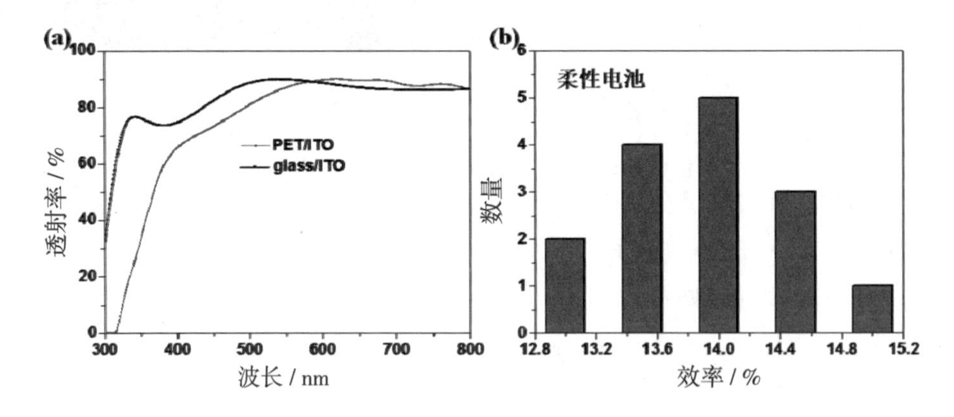

图5.17 （a）柔性和刚性ITO的透过光谱；（b）柔性器件效率的正态分布

5.3 钙钛矿量子点的制备及应用

目前，钙钛矿用于光伏电池的研究大多集中在卤化铅胺有机–无机杂化材料上。2009年至今，光电转换效率稳步上升，认证效率已经超过25%[71–73]。

然而，卤化铅胺钙钛矿电池的一个致命问题就是稳定性差，在大气环境下尤其紫外光照下其有机组分易分解，如$CH_3NH_3PbI_3$会分解成CH_3NH_3I与PbI_2，而前者易挥发[74-76]。因此钙钛矿太阳能电池的长期稳定性仍然是学术界亟待解决的问题。针对这个问题，将有机–无机杂化钙钛矿换成纯无机钙钛矿，其中纯无机钙钛矿量子点在光探测器和太阳电池中应用也被广泛关注，例如$CsPbCl_3$:Mn、$CsPbBr_3$和$CsPbI_3$量子点。

$MAPbI_3$基钙钛矿太阳能电池只能有效地利用太阳光谱中400～800 nm范围内的光来实现光电转换。常用的透明导电层（FTO或ITO）在紫外区域具有较强的寄生吸收，这不仅造成紫外光能量损耗，而且高能量紫外光子能够加速有机成分降解，造成钙钛矿材料的分解[77-79]。$CsPbCl_3$:Mn量子点在紫外光区不仅表现出很强的吸收，而且可以将紫外光转化为可见光（量子效率高达60%）。利用其下转换发光性质，第一部分利用热注入法制备了$CsPbCl_3$:Mn量子点，将其旋涂到$MAPbI_3$基钙钛矿太能电池入光面，不仅能够避免紫外光对钙钛矿材料的破坏从而提高电池稳定性，而且可以通过提高其紫外光的量子效率进而提高钙钛矿太阳能电池的效率。

另外，近年来一种新的体系——全无机钙钛矿$CsPbX_3$（X=Br, I）引起广泛关注[80-82]，通过Cs^+替代有机–无机杂化钙钛矿材料中的不稳定的有机成分，有望提高电池的稳定性。研究表明，随着钙钛矿尺寸的减小，不仅可以利用量子点诱导产生稳定相钙钛矿材料，而且量子点的表面可以方便地被调控，从而使其可以自由地被应用到各种器件结构中。$CsPbBr_3$作为吸收层制备的太阳能电池开路电压（V_{OC}）可以高达1.5 eV，可将其应用到叠层电池中，而且稳定性非常好[83.84]。但用传统的离心旋涂等方法制备的$CsPbBr_3$无机钙钛矿量子点薄膜器件，必须去除溶剂和表面活性剂。通过加热退火可以去除溶剂和表面活性剂，但是薄膜容易出现针孔、裂纹等缺陷。第二部分以$CsPbBr_3$无机钙钛矿薄膜为前驱体，通过NH_4SCN乙酸乙酯（EA）饱和溶液对其处理，基于溶解–再结晶机制，得到了低粗糙度、致密的$CsPbBr_3$无机钙钛矿薄膜，表现出了优异的载流子传输性能。整个过程对薄膜不需要退火处理，将优化后的薄膜作为吸收层制备了无机$CsPbBr_3$钙钛矿太阳能电池。

立方相$CsPbI_3$带隙约1.73 eV带隙，有利于应用在光伏器件最优的，但是在常温或较低温度下，会转变为带隙为2.8 eV的正交相，这个问题一直制约着无机钙钛矿在光伏领域的应用。美国国家可再生能源实验室（NREL）的Abhishek Swarnkar等科学家利用量子点诱导产生稳定相a-$CsPbI_3$钙钛矿，制备电池后，效率为10.77%[85]。目前a-$CsPbI_3$量子点薄膜的空气和温度稳定性研究甚少，第三部分通过测试其在大气环境中长时间储存和不同温度退火后的薄膜结构和成分的变化，证明了α-$CsPbI_3$量子点薄膜的空气和温度稳定性。并初步制备了α-$CsPbI_3$量子点太阳能电池，效率超过5%，这项工作的研究仍在努力之中。

5.3.1 全无机$CsPbX_3$钙钛矿量子点制备

制备传统$MAPbI_3$钙钛矿太阳能电池的化学试剂和药品同上节相同。制备量子点需要药品包括碘化铅（PbI_2）、溴化铅（$PbBr_2$）、氯化铅（$PbCl_2$）、碳酸铯（Cs_2CO_3）、油酸[Oleic acid（OA）]、油胺[Oleylamine（OAM）]、十八烯[1-octadecene（ODE）]、乙酸甲酯[Methyl acetate（MeOAc）]、乙酸乙酯[ethyl acetate（EA）]、正己烷（hexane）、正辛烷（octane）。仪器包括100 mL、150 mL三口瓶，50 mL单口烧瓶，空心塞，烧杯等。

$CsPbX_3$（X = Cl，Br，I）及$CsPbCl_3$:Mn钙钛矿量子点合成过程如下：首先，将0.8 g碳酸铯（Cs_2CO_3）和2.5 mL油酸（OA）在三口烧瓶中溶解于30 mL十八烯（ODE）中，120 ℃加热搅拌抽真空去水去氧30 min后，140 ℃在氮气或氩气保护条件下搅拌得到透明油酸铯溶液。然后，将相应的卤化铅盐0.188 mmol PbX_2（X = Cl,Br,I）和50 mL ODE分别或者按比例混合加入不同的三口烧瓶中，并将温度升至120 ℃加热搅拌抽真空去水去氧30 min，结束后换成氮气或氩气保护。随后加入改性剂5 mL油胺OLA和5 mL油酸OA，再抽真空去水氧，当完全溶解PbX_2（X = Cl，Br，I）后，温度升高至响应的反应温度（可溶范围70～185 ℃）。最后迅速注入5 mL之前合成好的的油酸铯溶液，反应5 s后，迅速将反应混合物放在冰浴中冷却，得到的最终产物即为$CsPbX_3$（X = Cl，Br，I）量子点，产物经150 mL乙酸甲酯或乙酸乙酯去除部分量子点表面支链后，8 000 r/min离心3 min，最终的量子点溶解在5 mL正辛烷中用于旋涂薄膜所用的前驱液。图5.18和图5.19所示分别为$CsPbX_3$量子点溶液在紫外光激发下的照片和荧光光谱。通过调节Cl、Br和I的比例，可制备出带隙不同的钙钛矿量子点，光致发光谱可覆盖紫光到红光整个可见光谱。

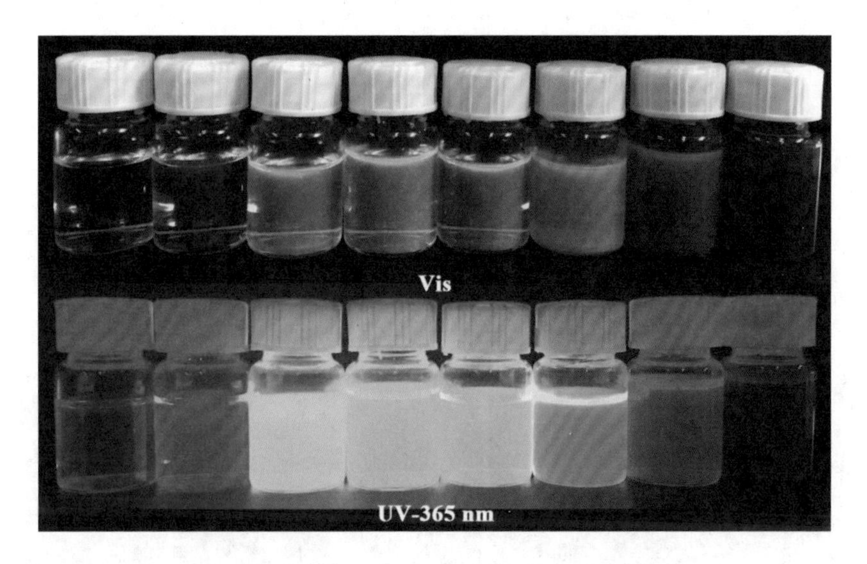

图5.18　CsPb（X_{1-x},Y_x）$_3$钙钛矿量子点溶液的照片

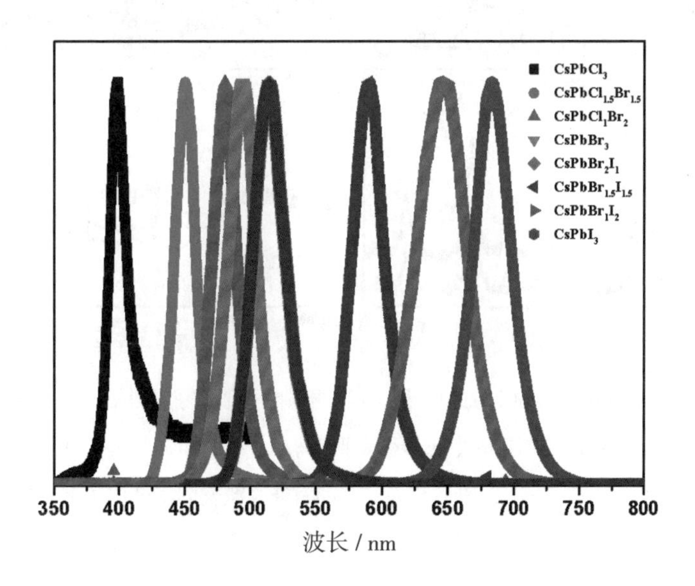

图5.19　CsPb（X_{1-x},Y_x）$_3$钙钛矿量子点的荧光光谱

本部分涉及三种量子点薄膜的应用，具体为：第一，利用其下转换发光性质，将$CsPbCl_3$:Mn量子点薄膜材料应用到传统钙钛矿电池表面，提高电池性能和稳定性；第二，将$CsPbBr_3$量子点薄膜作为吸收层制备太阳能电池，通过溶解–再结晶过程提高薄膜光电性能，制备了高效率$CsPbBr_3$太阳能电池；第三，将立方相$CsPbI_3$量子点薄膜作为吸收层制备太阳能电池。

5.3.2 $CsPbCl_3$:Mn量子点薄膜的制备及应用研究

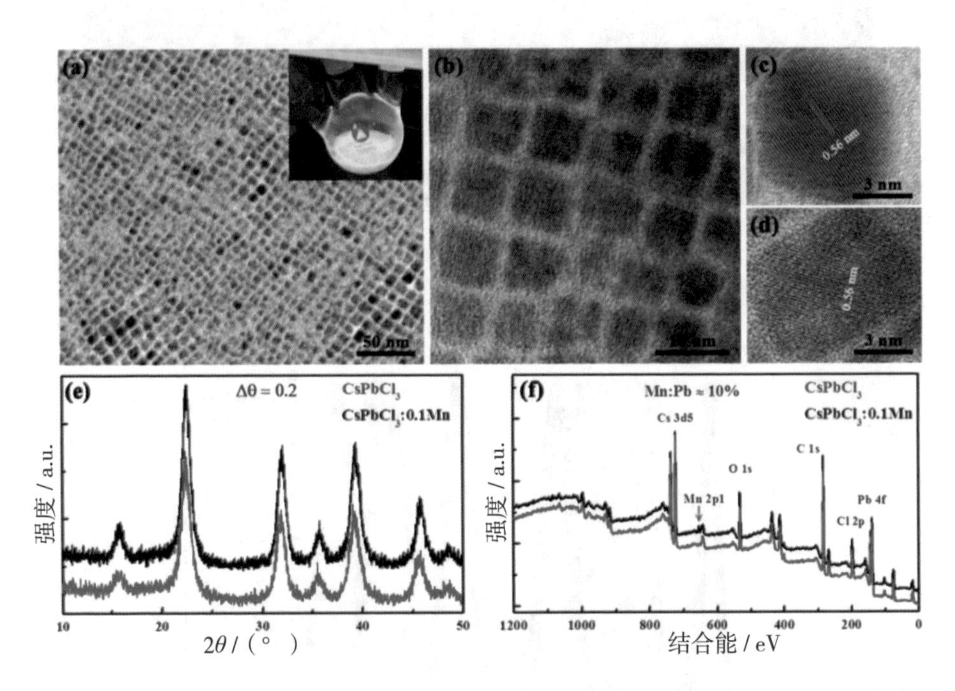

图5.20 （a）和（b）$CsPbCl_3$:0.1Mn量子点的透射电子显微镜照片，（c）$CsPbCl_3$和（d）$CsPbCl_3$:0.1Mn量子点的高倍透射电子显微镜照片，$CsPbCl_3$和$CsPbCl_3$:0.1Mn量子点的（e）XRD和（f）XPS图，（a）图中内插图为365 nm紫外光激发的$CsPbCl_3$:0.1Mn量子点照片

制备$CsPbCl_3$:Mn量子点时，可将相应的卤化铅盐0.188 mmol $PbCl_2$和相

应掺杂比例$MnCl_2$及50 mL ODE分别或者按比例混合加入三口烧瓶中依照上述方法制备。图5.20（a）和图5.20（b）为制备的$CsPbCl_3$:0.1Mn量子点的透射电子显微镜（TEM）图像，量子点平均尺寸约为8 nm左右，呈立方体形状。图5.20（a）的内插图是合成的$CsPbCl_3$:0.1Mn量子点的照片，可以看出365 nm紫外灯下有很强的黄色荧光发射。图5.20（c）和图5.20（d）为$CsPbCl_3$:0.1Mn量子点的高分辨率透射电镜照片。$CsPbCl_3$:0.1Mn量子点（001）晶面间距为0.56 nm，与立方相$CsPbCl_3$晶体的结果一致[199]。为了进一步证实$CsPbCl_3$:0.1Mn的结晶性和结构特性，采用X射线衍射（XRD）光谱对其进行表征。如图5.20（e）所示，$CsPbCl_3$:0.1Mn量子点呈立方结构（Pm3m空间群），没有$MnCl_2$峰出现，说明Mn完全掺入$CsPbCl_3$中。通过与未掺杂的$CsPbCl_3$量子点XRD对比，$CsPbCl_3$:0.1Mn样品的XRD衍射峰向大角度移动了0.2°，这是由于小离子半径的Mn^{2+}（97 pm）替代大离子半径Pb^{2+}（133 pm）的格位。图6.1（f）为$CsPbCl_3$和$CsPbCl_3$:0.1Mn的X射线光电子能谱（XPS）图，通过对$CsPbCl_3$和$CsPbCl_3$:0.1Mn进行比较，655 eV结合能峰位对应Mn的2p轨道，进一步证明Mn^{2+}掺杂进入$CsPbCl_3$量子点中，而不是表面吸附造成。

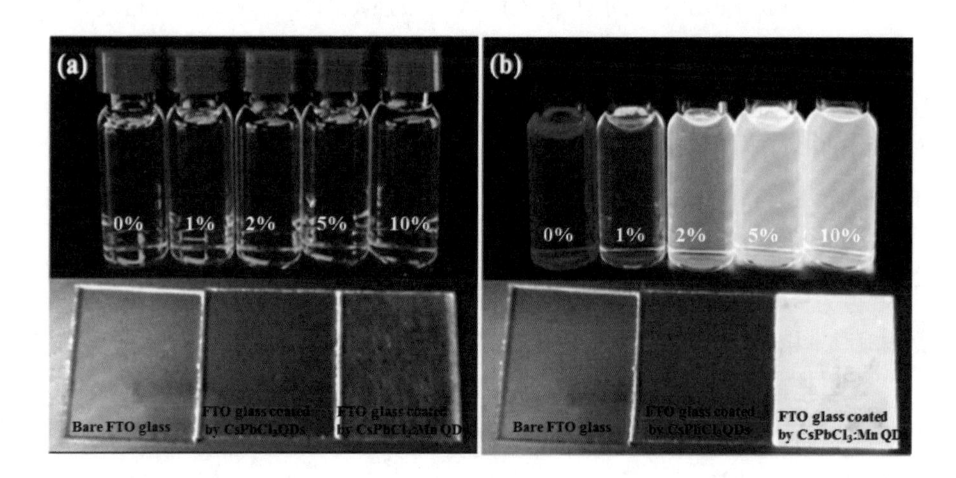

图5.21　$CsPbCl_3$:xMn（x=0%、1%、2%、5%、10%）量子点溶液和薄膜的光致发光谱

（a）白炽灯照射；（b）365 nm紫外灯照射

Mn^{2+}掺杂浓度影响$CsPbCl_3$:xMn的光致发光光谱，可制备不同浓度Mn^{2+}掺

杂的$CsPbCl_3$:xMn。例如选取Mn^{2+}占Pb^{2+}摩尔百分比分别为0%、1%、2%、5%、10%。图5.21（a）和图5.21（b）分别为$CsPbCl_3$:xMn量子点溶液和量子点薄膜在自然光下和365 nm紫外光照下的照片，左边的FTO玻璃是空白的，中间为未掺杂的$CsPbCl_3$量子点薄膜，右边的是10% Mn掺杂的$CsPbCl_3$量子点薄膜。可以看出，自然光下$CsPbCl_3$:xMn溶液掺杂浓度的增大没有引起太大的变化，但在365 nm紫外光照下可以看到，随着浓度的增加$CsPbCl_3$:xMn量子点溶液荧光强度逐渐增强。如图5.21（a）所示，自然光下未掺杂和掺杂10% Mn的$CsPbCl_3$薄膜都是透明的，在365 nm紫外光下$CsPbCl_3$量子点薄膜发出蓝紫色的本征荧光，但$CsPbCl_3$:0.1Mn薄膜呈现出[图5.21（b）]强烈的黄色下转换荧光辐射。

Mn^{2+}掺杂浓度对$CsPbCl_3$:xMn（x=0%、1%、2%、5%、10%）的吸收光谱和发射光谱的影响，如图5.22（a）和图5.22（b）所示。$CsPbCl_3$量子点的带隙约3 eV，随着Mn^{2+}浓度的增加，$CsPbCl_3$吸收边和发射峰（408 nm）蓝移，这由于晶格收缩引起的。随着Mn^{2+}浓度的增加，$CsPbCl_3$向Mn^{2+}的能量转移作用增强，Mn^{2+}的发射峰（590 nm）的发射强度逐渐增加。从图中可以看出，$CsPbCl_3$:0.1Mn显示了黄色区域中最强烈的发射强度。当超过10%的掺杂浓度，Mn^{2+}不再掺杂取代Pb^{2+}格位。将$CsPbCl_3$和$CsPbCl_3$:0.1Mn量子点旋涂到FTO玻璃上，并观察相应的吸收和光致发光谱。如图5.22（c）所示，与空白的FTO玻璃相比，$CsPbCl_3$和$CsPbCl_3$:0.1Mn量子点薄膜在紫外光区域的吸收增强。在图5.22（d）中，可以清楚地看到，与$CsPbCl_3$量子点薄膜相比，$CsPbCl_3$:0.1Mn膜表现出强烈的紫外光向可见光的下转换荧光发射。基于$CsPbCl_3$:0.1Mn量子点薄膜较强的紫外吸收及能量传递作用，可以将其应用在钙钛矿太阳能电池结构中，提高电池性能和稳定性。

太阳光谱能量主要集中在紫外，可见和近红外范围内，如图5.23（e）所示。然而，钙钛矿太阳能电池只能有效地利用400～800 nm范围内的可见光来实现光电转换。这不仅造成紫外光图5.23（e）的紫色区域能量损耗，而且它对钙钛矿电池的有机-无机成分是有害的。$CsPbCl_3$:Mn量子点在紫外区域不仅表现出很强的吸收，而且可以将紫外光转化为可见光（量子效率高达60%），可以被钙钛矿太阳能电池有效利用。因此，可将$CsPbCl_3$:Mn量子点旋涂到钙钛矿太能电池入光面，这样有助于增强电池性能和稳定性。

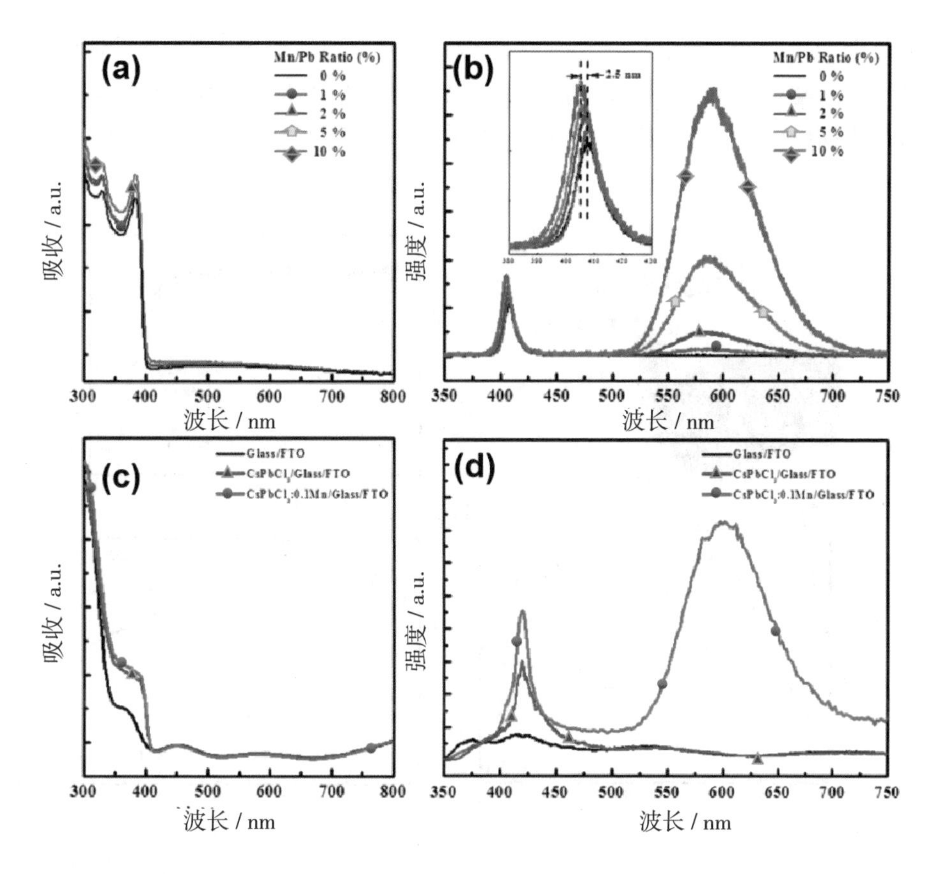

图5.22　$CsPbCl_3$:xMn（x=0%、1%、2%、5%、10%）量子点溶液的吸收光谱（a）和光致发光谱（365 nm激光激发）（b）；FTO玻璃、$CsPbCl_3$薄膜/FTO玻璃及$CsPbCl_3$:0.1Mn/FTO玻璃的吸收光谱（c）和光致发光谱（325 nm激光激发）（d）

当太阳光照射到表面有$CsPbCl_3$:Mn量子点薄膜的钙钛矿电池时，由于其下转换能量传递特性，紫外光被吸收后转化为可见光，不仅避免紫外光对电池的破坏，而且可使转化后的可见光和太阳光辐射到电池中的可见光同时被钙钛矿太阳能电池吸收利用。为了证明$CsPbCl_3$:0.1Mn量子点薄膜厚度对钙钛矿太阳能电池性能的影响，固定旋涂转速，将1 mg/mL、2 mg/mL、5 mg/mL和20 mg/mL的$CsPbCl_3$:0.1Mn量子点正辛烷溶液3 000 r/min转速旋涂到钙钛矿太阳能电池前侧（透光侧），结构如图5.23（a）所示为$CsPbCl_3$:0.1Mn/glass/FTO/TiO_2/$MAPbI_3$/spiro-OMeTAD/Au。图5.23（b）和图5.23所示（c）为表面旋有不同厚度的$CsPbCl_3$:0.1Mn量子点薄膜的钙钛矿太阳能电池的*J–V*曲线和外量子效率（EQE）。采用5 mg/mL $CsPbCl_3$:0.1Mn溶液旋涂到钙钛矿太阳能电池表面，PCE达到最高值18.57%，与参比电池相比，效率增加了3.34%。

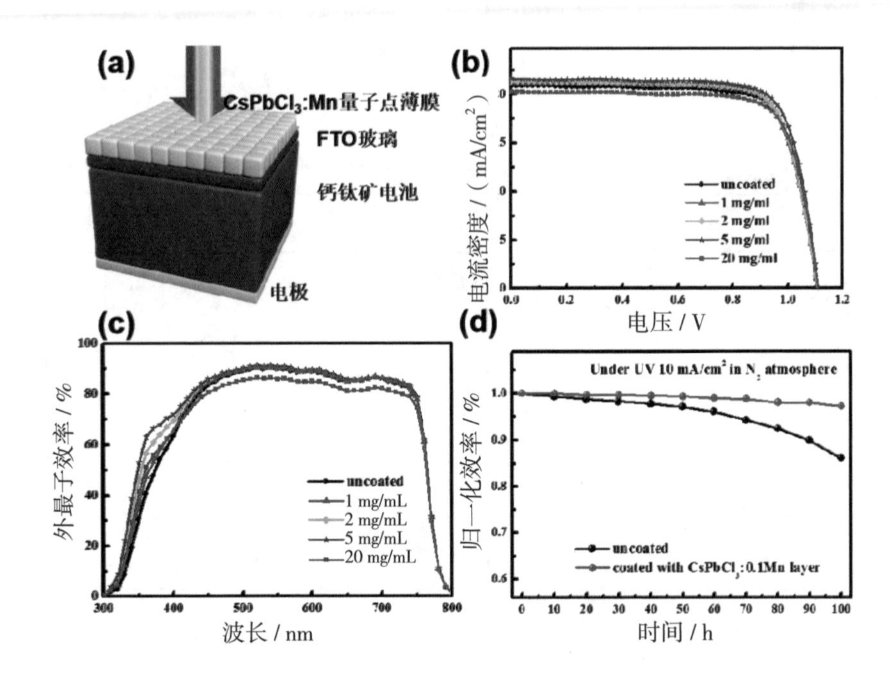

图5.23 （a）$CsPbCl_3$:0.1Mn量子点薄膜覆盖的钙钛矿太阳能电池结构，不同厚度$CsPbCl_3$:0.1Mn量子点薄膜对钙钛矿太阳能电池（b）*J–V*和（c）EQE曲线的影响，（d）$CsPbCl_3$:0.1Mn 量子点薄膜钙钛矿太阳能电池稳定性的影响（5 mW/cm²紫外光照射100 h）

EQE曲线可以反映太阳能电池对不同能量光子的响应强弱，如图5.23（c）所示，采用不同浓度$CsPbCl_3$:0.1Mn量子点的所有电池样品中，与参比电池相比，300～420 nm的紫外光区域的EQE都明显增加了，说明$CsPbCl_3$:0.1Mn量子点薄膜下转换发光对钙钛矿电池性能提高卓有成效。不同浓度$CsPbCl_3$:0.1Mn量子点溶液旋涂到玻璃表面，会形成不同厚度的薄膜，结果显示5 mg/mL溶液同样转速旋到电池表面，紫外区EQE的提高最多，但在450～800 nm可见光波长范围内，与参比电池相比，EQE几乎没有变化，这是由于薄膜对可见光透光较好。但采用20 mg/mL溶液时，EQE不仅在紫外区降低，可见区也明显降低，这是由较厚的$CsPbCl_3$:0.1Mn量子点薄膜寄生吸收导致。从*J*–*V*曲线和EQE结果中可以看出，低浓度溶液（1～5 mg/mL）应用到电池中，电池J_{SC}和PCE明显增大，说明$CsPbCl_3$:0.1Mn量子点薄膜可以有效地利用到钙钛矿太阳能电池中。

为证实$CsPbCl_3$:0.1Mn量子点薄膜紫外光吸收及利用对钙钛矿太阳能电池稳定性的影响，将优化后的电池保存在充满N_2手套箱中，并持续用5 mW/cm^2紫外灯照射参比电池和$CsPbCl_3$:0.1Mn量子点薄膜覆盖的电池。5 mW/cm^2紫外灯模拟了紫外线（280～400 nm）在标准的太阳光谱（ASTM G–173–03）整体辐照度（1 000 W/m^2，AM 1.5 G）5%的贡献。100 h后，参比电池效率降低了15%，而$CsPbCl_3$:0.1Mn量子点薄膜覆盖的太阳能电池显示出良好的稳定性，保留了初始效率的97%。充分说明$CsPbCl_3$:0.1Mn量子点薄膜紫外光的吸收利用有效降低了紫外光对钙钛矿材料的破坏。

综上所述，制备的$CsPbCl_3$:0.1Mn量子点薄膜，其上转换发光效率可达60%，将其应用到传统钙钛矿太阳能电池表面，提高了电池在紫外区的量子效率，优化后电池的短路电流密度提高0.8 mA/cm^2，不仅电池效率提高3.34%，而且电池的紫外光照稳定性提高。

5.3.3　$CsPbBr_3$量子点薄膜制备及应用

图5.24（a）所示为$CsPbBr_3$钙钛矿量子点粉末的XRD衍射光谱，XRD衍射谱显示$CsPbBr_3$钙钛矿的（001）、（101）、（200）、（201）、（211）、（220）等的特征峰，证明结构为立方相$CsPbBr_3$（JCPDS 00–054–0752）。图5.24（b）和图5.24（c）在170 ℃合成的$CsPbBr_3$量子点呈立方体形状，均匀性和分散性较好，晶粒尺寸在10 nm左右，内插图为自然光和紫外灯下$CsPbBr_3$量子点溶液的照片，可以看出在紫外光激发下，有绿色荧光发射。图5.24（c）所示为高分辨透射电子显微镜（TEM）结果，$CsPbBr_3$量子点的（100）晶面间距分别为0.58，与其立方钙钛矿晶体结构一致。图5.24（d）为$CsPbBr_3$钙钛矿量子点薄膜的SEM图，可以看出量子点构成的薄膜均匀致密。内插图

为自然光和紫外灯下$CsPbBr_3$量子点薄膜的照片，可以看出在紫外光激发下，薄膜也有绿色荧光发射。

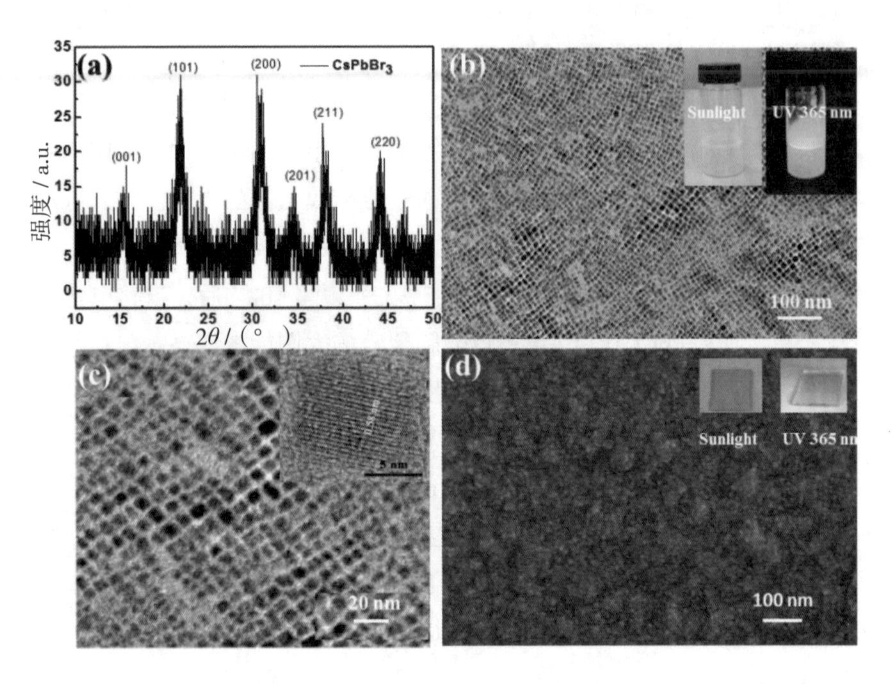

图5.24 $CsPbBr_3$量子点的（a）XRD谱；（b）和（c）TEM形貌图；（d）$CsPbBr_3$量子点薄膜SEM图。（c）内插图为高分辨TEM图，（b）和（d）内插图为自然光下和365 nm紫外光激发下样品的照片

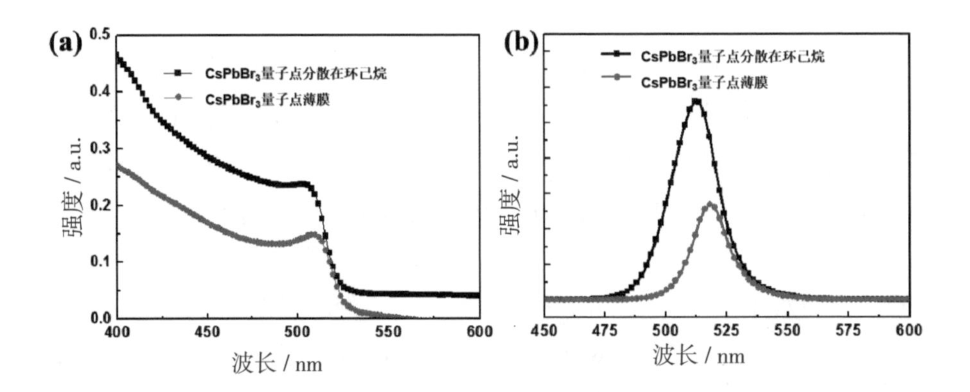

图5.25 $CsPbBr_3$量子点溶液和薄膜的吸收光谱（a）和光致发光谱（375 nm激光激发）（b）

研究了$CsPbBr_3$量子点溶液和薄膜的吸收光谱和发射光谱。如图5.25（a）所示，$CsPbCl_3$量子点的吸收边处于525 nm附近。图5.25（b）为相应的光致发光谱，可以看到，与$CsPbBr_3$量子点溶液相比，薄膜荧光发射红移，说明在形成薄膜过程中颗粒团聚导致带隙减小。

旋涂$CsPbBr_3$量子点薄膜作为前驱薄膜，量子点表面的原位结晶会使小颗粒共同聚集，但不能形成完整的单晶颗粒。NH_4SCN乙酸乙酯溶液可以对$CsPbBr_3$量子点薄膜进行修饰，$CsPbBr_3$量子点薄膜处理工艺见实验部分。采用原子力显微镜（AFM）和场发射扫描电镜（SEM）观察NH_4SCN EA溶液对$CsPbBr_3$量子点薄膜处理不同时间后表面形貌的影响。对$CsPbBr_3$量子点薄膜分别处理1 s、3 s、5 s、10 s，结果如图5.26所示。图5.26（a）、（f）、（k）分别为未处理的量子点薄膜SEM和AFM形貌图及所制备电池的截面图，可以看出量子点薄膜由小颗粒聚集组成。处理时间为1 s、3 s、5 s时，从图5.27（b）～（e）AFM和图5.27（g）～（j）SEM图可以看出，钙钛矿晶粒逐渐增大，结晶性变好。这是由于，NH_4SCN EA溶液处理后量子点表面溶解出的离子复合物像黏结剂一样连接各个小颗粒而形成大颗粒，即溶解–再结晶过程。$CsPbBr_3$量子点薄膜处于NH_4SCN EA溶液环境中时，表面组分溶解形成活性原子。随着EA的蒸发，这种溶解的表面活性原子会重新结晶，同时相互连接形成大的晶粒。但处理时间过长，会导致一些孤立的钙钛矿晶粒和空隙出现，薄膜质量变差。这是由于长时间的处理时间使其过度结晶，不易形成高结晶度及致密的薄膜。

通过NH_4SCN EA溶液对量子点薄膜处理，将优化后薄膜作为吸光层制备钙钛矿太阳能电池，电池结构为glass/FTO/ZnO/perovskite/Spiro-OMeTAD/Au。具体的结构如图5.27（a）所示，ZnO薄膜旋涂到FTO表面，作为电子传输层（ETL），$CsPbBr_3$–$CsPb_2Br_5$复合膜为吸收层，Spiro-OMeTAD薄膜为空穴传输层（HTL），Au为阳极。图5.27（b）所示为电池各层的能级图，可以看出电池各层能级相互匹配，光照条件下，钙钛矿中产生的电子空穴对分离后，电子被ZnO提取进入FTO，而空穴容易注入Spiro-OMeTAD被Au电极收集。

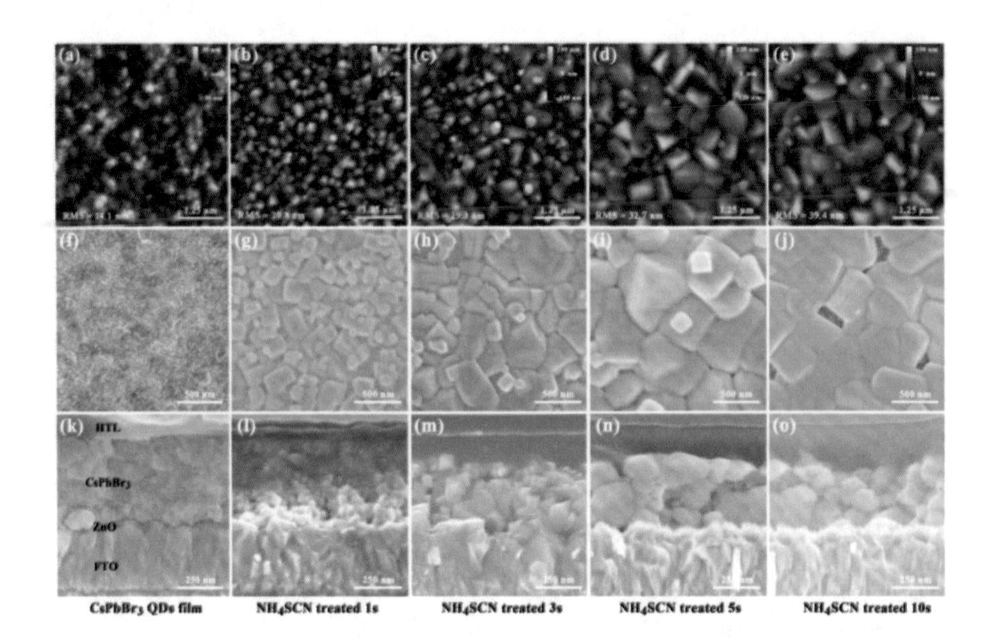

图5.26　NH_4SCN乙酸乙酯溶液对$CsPbBr_3$量子点薄膜处理不同时间后（a）～（e）AFM形貌图，（f）～（j）SEM形貌图，（k）～（o）SEM截面图

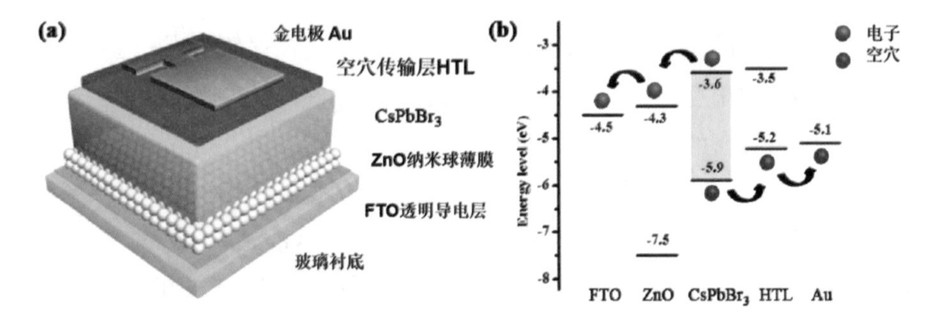

图5.27　（a）$CsPbBr_3$钙钛矿太阳能电池结构图；（b）能级图及光生载流子的收集过程

$CsPbBr_3$量子点薄膜经NH_4SCN EA溶液处理5 s后，所得电池性能最优，对其J–V进行正反扫测试，所得曲线及性能参数如图5.28（a）及内插表格所示。从图中可看出，正反测量的PCE分别为6.8%和6.41%，正反测没有出现明显的滞后现象。图5.28（b）所示为优化后器件相应的EQE曲线及其

积分所得的短路电流密度。J_{SC}积分值为5.97 mA / cm^2，与$J–V$的测量结果一致。为进一步考察器件的可重复性，图5.28（c）所示为100个器件效率的分布图，PCE的分布很窄，可以看出电池有较好的重复性。同时，在最大输出功率点处固定电压1.22 V，测试其电流，如图5.28（d）所示，电池的电流很快达到稳定状态，且效率可以长时间维持在6.4%。太阳能电池的长期稳定性与钙钛矿活性层本身密切相关，由于$CsPbBr_3$立方和斜方晶系带隙（2.27～2.32 eV）几乎不变，其湿度和光照稳定性可以大大改善。如图5.28（e）所示研究了器件的稳定性，在25 ℃，相对湿度（RH）为45%大气环境下放置100天后，电池效率仍然保持了原来98%，说明全无机$CsPbBr_3$–$CsPb_2Br_5$复合膜材料具有优异的空气和湿度稳定性。对$CsPbBr_3$量子点薄膜退火也可以去除溶剂和表面活性剂，使晶粒长大，但通常退火温度都高于260 ℃，不利于电池的产业化，图5.28（f）总结不同温度制备的$CsPbBr_3$钙钛矿太阳能电池的电池效率。只有极少数基于高温的设备可以实现效率高于6%的太阳能电池。充分说明低温大气环境下，通过NH_4SCN EA溶液处理$CsPbBr_3$量子点薄膜制备太阳能电池的优越性。

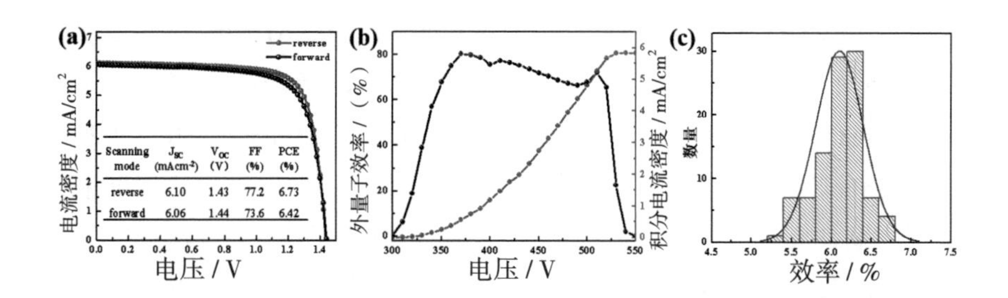

图5.28　优化后钙钛矿太阳能电池的（a）反扫及正扫J–V曲线；（b）EQE曲线及积分电流；（c）100个器件的效率分布图

综上所述，将$CsPbBr_3$量子点溶液作为前驱溶液通过旋涂的方式制备$CsPbBr_3$量子点薄膜，通过NH_4SCN EA溶液对$CsPbBr_3$量子点薄膜处理5 s后，得到均匀、致密、晶粒大、低缺陷态密度的$CsPbBr_3$–$CsPb_2Br_5$复合钙钛矿薄膜。该薄膜具有优异的光电性能，将其应用到太阳能电池中，图5.28所示最高效率为6.81%，电池具有优异的空气和光照稳定性。

5.3.4 $CsPbI_3$量子点薄膜稳定性及应用

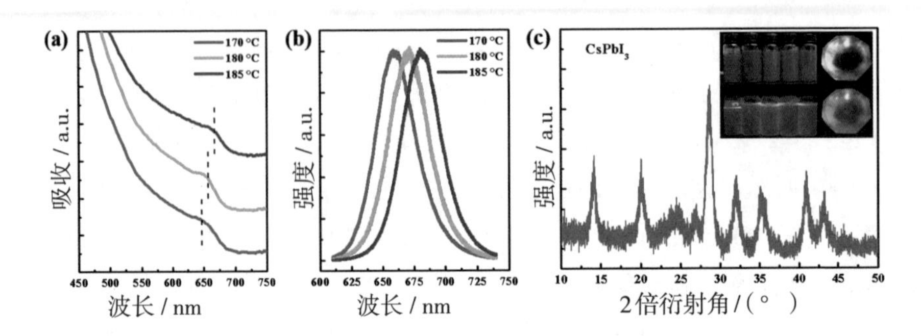

图5.29 170℃、180℃和185℃合成的α-$CsPbI_3$量子点（a）吸收光谱和（b）归一化量子点的光致发光光谱在紫外光照；（c）185℃合成的α-$CsPbI_3$量子点XRD谱，内插图为α-$CsPbI_3$量子点溶液和粉末样品在自然光和紫外光照射下照片

Cs-油酸盐低于60 ℃，不溶于ODE, 溶液温度超过185 ℃ PbI_2开始析出，因此可在60～185 ℃范围内合成$CsPbBr_3$量子点。用XRD和吸收光谱对制备的$CsPbI_3$量子点进行表征，在不同温度下量子点大小分别约为60 ℃ 3.4 nm、100 ℃ 5 nm、130 ℃ 6.5 nm、150 ℃ 8 nm、170 ℃ 10 nm、180 ℃ 12 nm和185℃ 15 nm。如图5.29（a）所示为170 ℃、180 ℃和185℃反应温度下，合成了不同晶粒大小的胶体$CsPbI_3$量子点。如图所示，185 ℃反应温度得到的量子点带隙最小，根据吸收光谱测量为1.73 eV，与之相应的光致发光（PL）峰在680 nm[图5.29（b）]。根据XRD衍射谱可知$CsPbI_3$量子点为立方相结构。该粉末在自然室内光下呈深红色，在365 nm 紫外光照射下[图5.29（c）]发出红色荧光。由于制备的QDs的表面被有机配体包覆，如图5.29（c）内插图所示，它们可以很容易地分散在类似辛烷这样的非极性有机溶剂中。

$CsPbI_3$量子点的透射电子显微镜（TEM）如图5.30所示。185 ℃下合成$CsPbI_3$量子点呈立方结构，大小约15 nm左右[图5.30（a）和（b）]。高分辨透射电子显微镜图像[图5.30（c）]显示，晶面间距为0.61 nm，与（100）面相符。

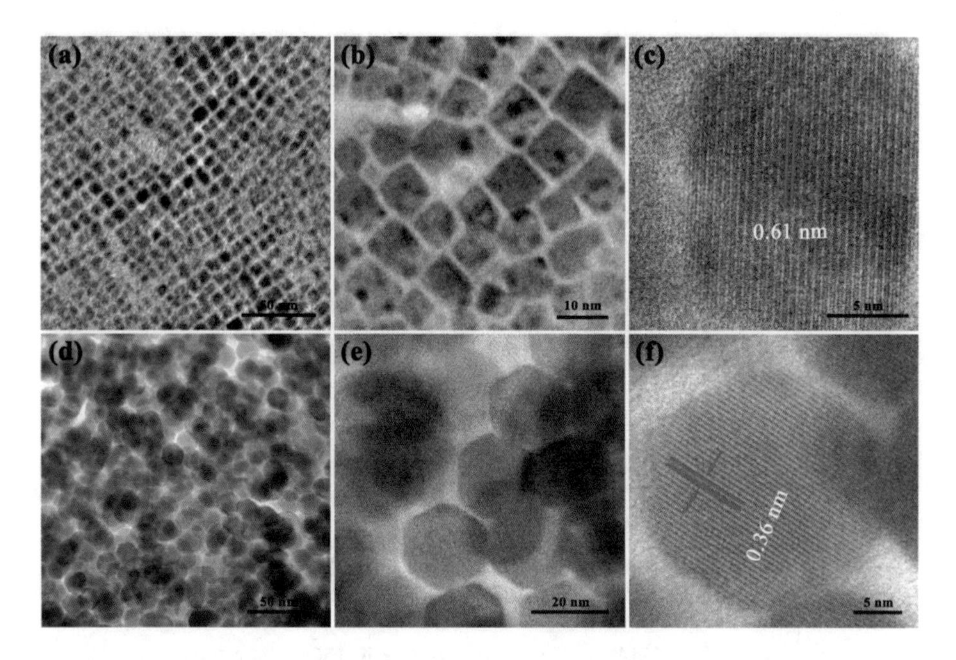

图5.30　α-$CsPbI_3$量子点（a），（b）和高倍（c）TEM形貌图（185 ℃）

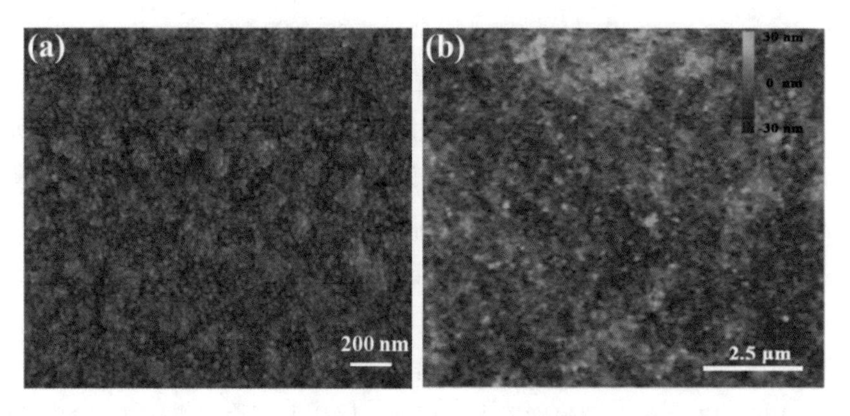

图5.31　α-$CsPbI_3$量子点（a），（b）和高倍（c）TEM形貌图

图5.31（a）和图5.31（b）分别为旋涂到玻璃表面α-$CsPbI_3$量子点薄膜SEM和AFM图。从图中可以看出，立方相$CsPbI_3$量子点薄膜表面平滑致密，薄膜粗糙度较低，将其应用于光伏器件中，不仅有利于其内部载流子的传输，而且在其表面可以通过旋涂方式制备均匀光滑致密的空穴或电子传输薄膜材料。

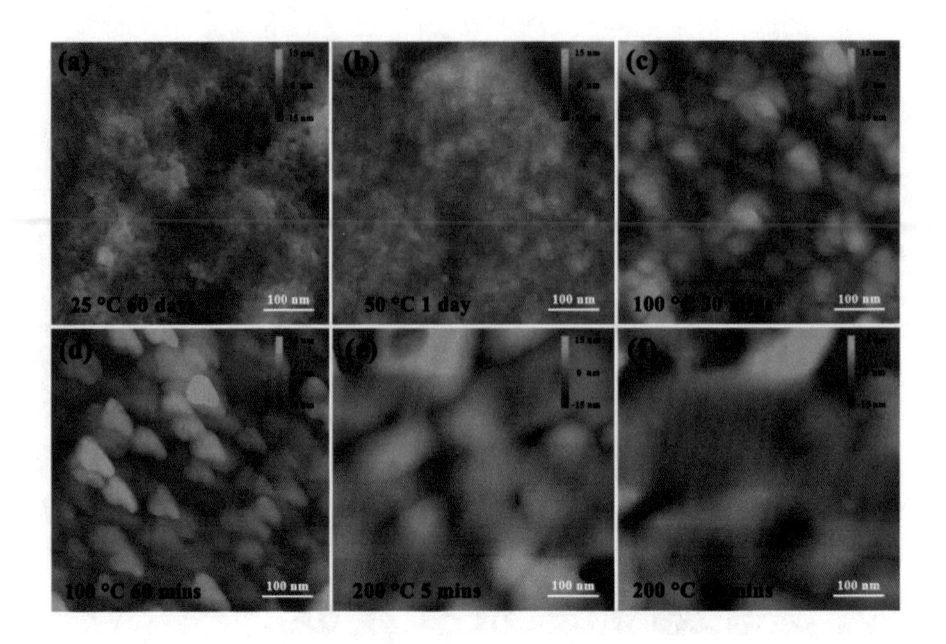

图5.32　不同条件下处理后的$CsPbI_3$量子点薄膜的AFM图

（a）25 ℃放置60 d；（b）50 ℃空气中放置1 d；（c）100 ℃退火30 min；（d）100 ℃退火30 min；（e）200 ℃退火5 min；（f）200 ℃退火10 min

表征量子点薄膜的稳定性，可通过测试立方相$CsPbI_3$量子点薄膜在大气环境中不同温度下储存和在不同的温度退火后的稳定性。图5.32（a）所示为立方相的$CsPbI_3$量子点薄膜在大气环境中储存60 d后的形貌。结果表明，与图5.32（b）所示预制薄膜相比，存储60 d后薄膜的形貌基本不变。图5.33（a）所示为60 d之后$CsPbI_3$量子点薄膜与原来薄膜的吸收光谱对比图，放置60 d后薄膜也没有明显的变化，说明器件良好的空气稳定性。采用不同温度对立方相$CsPbI_3$量子点薄膜做退火处理后，采用原子力显微镜（AFM）对薄膜的形貌进行了分析。图5.32（b）显示了薄膜50 ℃下放置1 d后的形貌，从图中可以看出，α–$CsPbI_3$量子点开始团聚，但薄膜并没转换成正交相$CsPbI_3$量子点，如图5.33（a）所示，二者吸收谱基本不变。当退火温度提高到100 ℃时，如图5.32（c）和图5.32（d）显示，退火后量子点团聚变为大晶体颗粒，而且部分$CsPbI_3$由立方相转变为正交相[图5.33（a）]，从吸收谱可以看出，薄膜在450 nm和680 nm附近出现两个吸收边，证明为二者的复合薄膜。在更高温度200 ℃退火后，如图5.32（e）和图5.32（f）所示，组成薄膜的颗粒变得更大，而且根据其吸收光谱[图5.33（a）]可知，薄膜完全由正交相$CsPbI_3$晶粒组成。通过以上测试分析可知，立方相的$CsPbI_3$量子点薄膜具有很好的空气和温度稳定性。

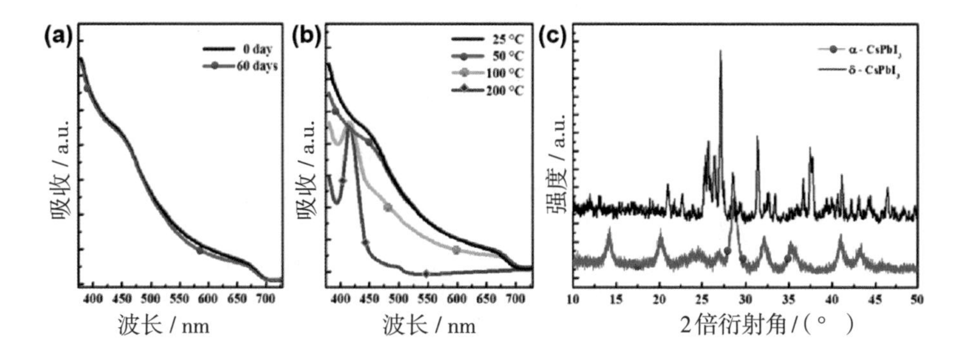

图5.33 （a）60 d后$CsPbI_3$量子点薄膜吸收谱；（b）不同温度退火$CsPbI_3$量子点薄膜的吸收谱；（c）立方和正交$CsPbI_3$量子点XRD谱

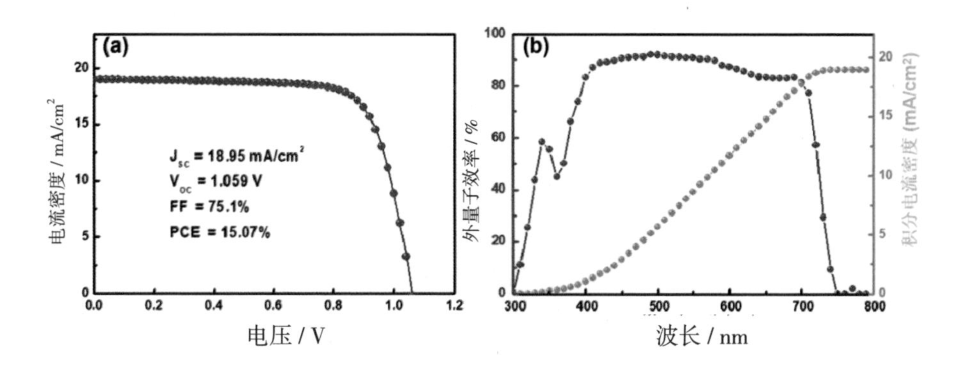

图5.34　$CsPbI_3$钙钛矿太阳能电池的（a）反扫J–V曲线；（b）EQE及积分电流曲线

表6.3　$CsPbI_3$量子点钙钛矿太阳能电池性能参数。

V_{OC} / V	J_{SC} / (mA/cm^2)	FF / %	PCE / %
1.059	18.95	75.1	15.07

将α-$CsPbI_3$量子点薄膜应用到太阳能电池中，电池结构与传统钙钛矿一致。器件的J–V曲线、EQE以及性能参数见图5.34和表6.3。基于$CsPbI_3$量子点薄膜制备太阳能电池的J_{SC} = 18.95 mA/cm^2，V_{OC} = 1.059 V，FF = 75.1%，效率为15.07%。减少量子点表面的有机支链和选择适合的空穴传输材料用于改善电池性能。

本章总结

本章详细介绍溶液法和真空交替沉积法制备钙钛矿薄膜及刚性电池和柔性电池的组装方法。针对电池中体及表/界面缺陷，各层的导带带阶匹配、导电性及疏水性等因素对电池的性能影响，通过石墨炔量子点对整个电池优化，提高$MAPbI_3$钙钛矿太阳能电池性能。最后介绍了钙钛矿量子点的制备和应用。

参考文献

[1] Malinkiewicz O, AYella A, Lee Y H, et al. Perovskite Solar Cells Employing Organic Charge–Transport Layers[J]. Nature Photon., 2014, 8, 128–132.

[2] Lin Q, Armin A, Nagiri R C R, et al. Electro–Optics of Perovskite Solar Cells[J]. Nature Photon., 2015, 9, 106–112.

[3] Roldan–Carmona C, Malinkiewicz O, A. Soriano, et al. Nazeeruddine, H. J. Bolink, Flexible High Efficiency Perovskite Solar Cells, Energy Environ. Sci., 2014,

7, 994–997.

[4] Chen C W, Kang H W, Hsiao S Y, et al. Efficient and Uniform Planar-Type Perovskite Solar Cells by Simple Sequential Vacuum Deposition, Adv. Mater., 2014, 26, 6647–6652.

[5] Liu M, Johnston M B, Snaith H J. Efficient Planar Heterojunction Perovskite Solar Cells by Vapour Deposition, Nature, 2013, 501, 395–398.

[6] Ss S, Ej Y, Ws Y, et al. Colloidally Prepared La–Doped $BaSnO_3$ Electrodes for Efficient, Photostable Perovskite Solar Cells [J]. Science, 2017, 356: 167–171.

[7] Ling Y, Tan L, Wang X, et al. Composite Perovskites of Cesium Lead Bromide for Optimized Photoluminescence [J]. J.phys. chem. lett., 2017, 3266–3271.

[8] Jiang Q, Zhang L, Wang H, et al. Enhanced Electron Extraction Using SnO_2 for High–Efficiency Planar–Structure $HC(NH_2)_2PbI_3$–Based Perovskite Solar Cells [J]. Nat. Energy, 2016, 2: 16177.

[9] Liu Z, Hu J, Jiao H, et al. Chemical Reduction of Intrinsic Defects in Thicker Heterojunction Planar Perovskite Solar Cells [J]. Adv. Mater., 2017, 29: 1606774.

[10] Paek S, Schouwink P, Athanasopoulou E N, et al. From Nano–to Micrometer Scale: The Role of Antisolvent Treatment on High Performance Perovskite Solar Cells [J]. Chem. Mater., 2017, 29: 3490–3498.

[11] Ryu S, Noh J H, Jeon N J, et al. Voltage Output of Efficient Perovskite Solar Cells With High Open–Circuit Voltage and Fill Factor [J]. Energy Environ. Sci., 2014, 7: 2614–2618.

[12] Correa–Baena J P, Tress W, Domanski K, et al. Identifying and Suppressing Interfacial Recombination to Achieve High Open–Circuit Voltage in Perovskite Solar Cells [J]. Energy Environ. Sci., 2017, 10: 1207–1212.

[13] Cong S, Yang H, Lou Y, et al. Organic Small Molecule as the Underlayer Toward High Performance Planar Perovskite Solar Cells [J]. ACS Appl. Mater. Inter., 2017, 9: 2295–2300.

[14] Park Y H, Jeong I, Bae S, et al. Inorganic Rubidium Cation as an Enhancer

for Photovoltaic Performance and Moisture Stability of HC（NH_2）$_2PbI_3$ Perovskite Solar Cells [J]. Adv. Funct. Mater., 2017, 27: 1605988.

[15] Tan L, Wang C, Zeng M, et al. Graphene: An Outstanding Multifunctional Coating for Conventional Materials [J]. Small, 2017, 13: 1603337.

[16] Zhu Z, Ma J, Wang Z, et al. Efficiency Enhancement of Perovskite Solar Cells through Fast Electron Extraction: The Role of Graphene Quantum Dots [J]. J. Am. Chem. Soc., 2014, 136: 3760–3763.

[17] Xing W, Chen Y, Wang X, et al. MoS_2 Quantum Dots with a Tunable Work Function for High-Performance Organic Solar Cells [J]. ACS Appl. Mater. Inter., 2016, 8: 26916–26923.

[18] Chen H，Yang S. Carbon-Based Perovskite Solar Cells without Hole Transport Materials: The Front Runner to the Market? [J]. Adv. Mater., 2017, 29: 1603994.

[19] Batmunkh M, Macdonald T J, Shearer C J, et al. Carbon Nanotubes in TiO_2 Nanofiber Photoelectrodes for High-Performance Perovskite Solar Cells [J]. Adv. Sci., 2017, 4: 1600504.

[20] Jin J, Chen C, Li H, et al. Enhanced Performance and Photostability of Perovskite Solar Cells by Introduction of Fluorescent Carbon Dots [J]. ACS Appl. Mater. Inter., 2017, 9: 14518–14524.

[21] Li H, Shi W, Huang W, et al. Carbon Quantum Dots/TiO_x Electron Transport Layer Boosts Efficiency of Planar Heterojunction Perovskite Solar Cells to 19 % [J]. Nano lett., 2017, 17: 2328–2335.

[22] Jiang J, Jin Z, Lei J, et al. ITIC Surface Modification to Achieve Synergistic Electron Transport Layer Enhancement for Planar-Type Perovskite Solar Cells With Efficiency Exceeding 20% [J]. J. Mater. Chem. A, 2017, 5: 9514–9522.

[23] Li G, Li Y，Liu H, et al. Architecture of Graphdiyne Nanoscale Films [J]. Chem. Commun., 2010, 46: 3256–3258.

[24] Long M, Tang L, Wang D, et al. Electronic Structure and Carrier Mobility in Graphdiyne Sheet and Nanoribbons: Theoretical Predictions [J]. ACS Nano, 2011, 5: 2593–2600.

[25] Matsuoka R, Sakamoto R, Hoshiko K, et al. Crystalline Graphdiyne Nanosheets Produced at a Gas/Liquid or Liquid/Liquid Interface [J]. J. Am. Chem. Soc., 2017, 139: 3145–3152.

[26] Li Y, Xu L, Liu H, et al. Graphdiyne and Graphyne: From Theoretical Predictions to Practical Construction [J]. Chem. Soc. Rev., 2014, 43: 2572–2586.

[27] Yang N, Liu Y, Wen H, et al. Photocatalytic Properties of Graphdiyne and Graphene Modified TiO_2: From Theory to Experiment [J]. ACS Nano, 2013, 7: 1504–1512.

[28] Chen Y H, Liu H B, Li Y L. Progress and Prospect of Two Dimensional Carbon Graphdiyne [J]. Chin. Sci. Bull., 2016, 61: 2901–2912.

[29] Xiao J, Shi J, Liu H, et al. Efficient $CH_3NH_3PbI_3$Perovskite Solar Cells Based on Graphdiyne（GD）–Modified P3HT Hole–Transporting Material [J]. Adv. Ener. Mater., 2015, 5: 1401943.

[30] Kuang C, Tang G, Jiu T, et al. Highly Efficient Electron Transport Obtained by Doping PCBM With Graphdiyne in Planar–Heterojunction Perovskite Solar Cells [J]. Nano Lett., 2015, 15: 2756–2762.

[31] Xu S, Li D，Wu P. One–Pot, Facile, and Versatile Synthesis of Monolayer MoS_2/WS_2Quantum Dots as Bioimaging Probes and Efficient Electrocatalysts for Hydrogen Evolution Reaction [J]. Adv. Funct. Mater., 2015, 25: 1127–1136.

[32] Park M, Kim H J, Jeong I, et al. Mechanically Recoverable and Highly Efficient Perovskite Solar Cells: Investigation of Intrinsic Flexibility of Organic–Inorganic Perovskite[J]. Adv. Energy Mater, 2015, 5: 1501406.

[33] Giacomo F D, Zardetto V, D’Epifanio A, et al. Flexible Perovskite Photovoltaic Modules and Solar Cells Based on Atomic Layer Deposited Compact Layers and UV–Irradiated TiO_2 Scaffolds on Plastic Substrates[J]. Adv. Energy Mater, 2015, 5: 1401808.

[34] Hao F, Stoumpos C C, Cao D H, et al. Lead–free Solid–state Organic – Inorganic Halide Perovskite Solar Cells[J]. Nature photon., 2014, 8: 489–494.

[35] Yang D, Yang Z, Qin W, et al. Alternating Precursor Layer Deposition for Highly Stable Perovskite Films towards Efficient Solar Cells using Vacuum

Deposition[J]. J. Mater. Chem. A, 2015, 3: 9401–9405.

[36] Stranks S D, Eperon G E, Grancini G, et al. Electron–Hole Diffusion Lengths Exceeding 1 Micrometer in an Organometal Trihalide Perovskite Absorber[J]. Science, 2013, 342: 341–344.

[37] Lin Q, Armin A, Nagiri R C R, et al. Electro–Optics of Perovskite Solar Cells[J]. Nature Photon., 2015, 9: 106–112.

[38] Kim H S,Lee C R, Im J H., et al. Lead Iodide Perovskite Sensitized All–Solid–State Submicron Thin Film Mesoscopic Solar Cell with Efficiency Exceeding 9%[J]. Sci. Rep., 2012, 2: 591.

[39] Kojima A, Teshima K, Shirai Y, et al. Organometal Halide Perovskites as Visible–Light Sensitizers for Photovoltaic Cells[J]. J. Am. Chem. Soc., 2009, 131, 6050–6051.

[40] Jeon N J, Noh J H, Kim Y C, et al. Solvent Engineering for High–Performance Inorganic - Organic Hybrid Perovskite Solar Cells[J]. Nature Mater., 2014, 13: 897–903.

[41] Im J H, Jang I H, Pellet N, et al. Growth of $CH_3NH_3PbI_3$ Cuboids with Controlled Size for High–Efficiency Perovskite Solar Cells[J]. Nature Nanotechnology, 2014, 9: 927–932.

[42] Jeon N J, Noh J H, Yang W S, et al. Compositional Engineering of Perovskite Materials for High–Performance Solar Cells[J]. Nature, 2015, 517: 476–480.

[43] Deng Y, Peng E, Shao Y, et al. Scalable Fabrication of Efficient Organolead Trihalide Perovskite Solar Cells with Doctor–Bladed Active Layers[J]. Energy Environ. Sci., 2015, 8: 1544–1550.

[44] Jeon N J, Lee H G, Y. C. Kim, et al. O–Methoxy Substituents in Spiro–OMeTAD for Efficient Inorganic–Organic Hybrid Perovskite Solar Cells[J]. J. Am. Chem. Soc., 2014, 136: 7837–7840.

[45] Sung H, Ahn N, Jang M S, et al. Transparent Conductive Oxide-Free Graphene-Based Perovskite Solar Cells with over 17% Efficiency[J]. Adv. Energy Mater. 2016, 6: 1501873.

[46] Chen W, Wu Y, Yue Y, et al. Efficient and Stable Large-area Perovskite Solar Cells with Inorganic Charge Extraction Layers[J]. Science, 2015, 350: 944-948.

[47] Yang W S, Noh J H, Jeon N J, et al. High-Performance Photovoltaic Perovskite Layers Fabricated through Intramolecular Exchange[J]. Science, 2015, 348: 1234-1237.

[48] Yang D, Yang R, Zhang J, et al. High Efficiency Flexible Perovskite Solar Cells using Superior Low Temperature TiO_2[J]. Energy Environ. Sci., 2015, 8: 3208-3214.

[49] Kumar M H, Yantara N, Dharani S, et al. Flexible, Low-Temperature, Solution Processed ZnO-based Perovskite Solid State Solar Cells[J]. Chem. Commun., 2013, 49: 11089-11091.

[50] Liu D, Kelly T L. Perovskite Solar Cells with a Planar Heterojunction Structure Prepared using Room-Temperature Solution Processing Techniques[J]. Nature Photon., 2014, 8: 133-138.

[51] Shin S S, Yang W S, Noh J H, et al. High-performance flexible perovskite solar cells exploiting Zn_2SnO_4 prepared in solution below 100 ℃[J]. Nature Commun., 2015, 6: 7410.

[52] Yang D, Yang R, Ren X, et al. Hysteresis-suppressed high-efficiency flexible perovskite solar cells using solid-state ionic-liquids for effective electron transport[J]. Adv. Mater. 2016, 28: 5206-5213.

[53] Zheng Z, Li F, Lee G, et al. Pre-buried Additive for Cross-Layer Modification in Flexible Perovskite Solar Cells with Efficiency Exceeding 22%[J]. Adv. Mater., doi: org/10.1002/adma.202109879.

[54] Zhou H, Chen Q, Li G, et al. Interface Engineering of Highly Efficient Perovskite Solar Cells[J]. Science, 2014, 345: 542-546.

[55] Mei A, Li X, Liu L, et al. A Hole-Conductor - Free, Fully Printable Mesoscopic Perovskite Solar Cell with High Stability[J]. Science, 2014, 345: 295-298.

[56] Hu Q, Wu J, Jiang C, et al. Engineering of Electron-Selective Contact

for Perovskite Solar Cells with Efficiency Exceeding 15%[J]. ACS Nano, 2014, 8: 10161–10167.

[57] Wang J T W, Ball J M, Barea E M, et al. Low–temperature processed electron collection layers of graphene/TiO_2 nanocomposites in thin film perovskite solar cells[J]. Nano Lett., 2013, 14: 724–730.

[58] Bi D, Moon S J, Häggman L, et al.Using a Two–step Deposition Technique to Prepare Perovskite ($CH_3NH_3PbI_3$) for Thin Film Solar Cells based on ZrO_2 and TiO_2 Mesostructures[J]. RSC Adv., 2013, 3: 18762–18766.

[59] Eperon G E, Burlakov V M, Goriely A, et al. Neutral Color Semitransparent Microstructured Perovskite Solar Cells[J]. ACS Nano, 2014, 8: 591–598.

[60] Chen Q, Zhou H, Hong Z, et al. Planar Heterojunction Perovskite Solar Cells via Vapor–Assisted Solution Process[J]. J. Am. Chem. Soc., 2014, 136: 622–625.

[61] Hu X L, Li G S, Yu J C, et al. Fabrication, and Modification of Nanostructured Semiconductor Materials for Environmental and Energy Applications[J]. Langmuir, 2010, 26: 3031–3039.

[62] Li C Y, Wen T C, Lee T H, et al. An Inverted Polymer Photovoltaic Cell with Increased Air Stability Obtained by Employing Novel Hole/electron Collecting Layers[J]. J. Mater. Chem., 2009, 19: 1643–1647.

[63] Hau S K, Yip H L, O. Acton, et al. Interfacial Modification to Improve Inverted Polymer Solar Cells[J]. J. Mater. Chem., 2008, 18: 5113–5119.

[64] Sun H, Weickert J, Hesse H C, et al. UV Light Protection through TiO_2 Blocking Layers for Inverted Organic Solar Cells[J]. Sol. Energy Mater. Sol. Cells, 2011, 95: 3450–3454.

[65] Durr M, Schmid A, Obermaier M, et al. Low–Temperature Fabrication of Dye–Sensitized Solar Cells by Transfer of Composite Porous Layers[J]. Nat. Mater., 2005, 4: 607–611.

[66] He Y J, Zhao G J, Peng B, et al. High-Yield Synthesis, Electrochemical and Photovoltaic Properties of Indene–C70 Bisadduct[J]. Adv. Funct. Mater., 2010, 20: 3383–3389.

[67] Hart J N, Menzies D, Cheng Y B, et al. Microwave Processing of TiO_2 Blocking Layers for Dye–Sensitized Solar Cells[J]. J. Sol–Gel Sci. Technol., 2006, 40: 45–54.

[68] Wojciechowski K, Saliba M, Leijtens T, et al. Sub–150 ℃ Processed Meso–Superstructured Perovskite Solar Cells with Enhanced Efficiency[J]. Energy Environ. Sci., 2014, 7: 1142–1147.

[69] Huang F, Dkhissi Y, Huang W, et al. Gas–assisted Preparation of Lead Iodide Perovskite Films Consisting of a Monolayer of Single Crystalline Grains for High Efficiency Planar Solar Cells[J]. Nano Energy, 2014, 10: 10–18.

[70] Ryu S, Noh J H, Jeon N J, et al. Voltage Output of Efficient Perovskite Solar Cells with High Open–Circuit Voltage and Fill Factor[J]. Energy Environ. Sci., 2014, 7: 2614–2618.

[71] Zhou H, Chen Q, Li G, et al. Photovoltaics. Interface Engineering of Highly Efficient Perovskite Solar Cells [J]. Science, 2014, 345: 542–546.

[72] Jeon N J, Noh J H, Yang W S, et al. Compositional Engineering of Perovskite Materials for High–Performance Solar Cells [J]. Nature, 2015, 517: 476–480.

[73] He X, Liu C, Wang H, et al. High–efficiency and UV–stable Flexible Perovskite Solar Cells Enabled by an Alkaloid–Doped C60 Electron Transport Layer [J]. J. Mater. Chem. C, 2020, 8: 10401.

[74] Yin W J, Yang J H, Kang J, et al. Halide Perovskite Materials for Solar Cells: a Theoretical Review [J]. J. Mater. Chem. A, 2015, 3: 8926–8942.

[75] Tan H, Jain A, Voznyy O, et al. Efficient and Stable Solution–Processed Planar Perovskite Solar Cells via Contact Passivation [J]. Science, 2017, 355: 722–726.

[76] Zhang H, Wang H, Chen W,et al.$CuGaO_2$:A Promising Inorganic Hole–Transporting Material for Highly Efficient and Stable Perovskite Solar Cells [J]. Adv. Mater., 2017, 29: 1604984.

[77] Bush K A, Palmstrom A F, Yu Z J, et al. 23.6%–Efficient Monolithic Perovskite/Silicon Tandem Solar Cells with Improved Stability [J]. Nat. Energy,

2017, 2: 17009.

[78] Nie W, Blancon J C, Neukirch A J, et al. Light–Activated Photocurrent Degradation and Self–Healing in Perovskite Solar Cells [J]. Nat. Commun., 2016, 7: 11574.

[79] Niu G, Li W, Meng F, et al. Study on the Stability of $CH_3NH_3PbI_3$ Films and the Effect of Post–Modification by Aluminum Oxide in All–Solid–State Hybrid Solar Cells [J]. J. Mater. Chem. A, 2014, 2: 705–710.

[80] Chang X, Li W, Zhu L, et al. Carbon–Based $CsPbBr_3$ Perovskite Solar Cells: All–Ambient Processes and High Thermal Stability [J]. ACS Appl. Mater. Inter., 2016, 8: 33649–33655.

[81] Ding C, Chen X, Kedem N, et al. Electrochemical synthesis of annealing–free and highly stable black–phase $CsPbI_3$ perovskite [J]. Chem. Commun., 2016, 7: 167–172.

[82] Liu C, Yang Y, Wang Y, et al. α -$CsPbI_3$ Bilayers via One-Step Deposition for Efficient and Stable All-Inorganic Perovskite Solar Cells [J]. Adv. Mater., 2020, 32, 2002632.

[83] Beal R E, Slotcavage D J, Leijtens T, et al. Cesium Lead Halide Perovskites with Improved Stability for Tandem Solar Cells [J]. J. Phys. Chem. Lett., 2016, 7: 746–751.

[84] Kulbak M, Gupta S, Kedem N, et al. Cesium Enhances Long–Term Stability of Lead Bromide Perovskite–Based Solar Cells [J]. J. Phys. Chem. Lett., 2016, 7: 167–172.

[85] Zhao Q, Han R, Sanehira E M, et al. Colloidal Quantum Dot Solar Cells: Progressive Deposition Techniques and Future Prospects on Large-Area Fabrication [J]. Adv. Mater., 2022, 34: 2107888.

第6章

硅基异质结与钙钛矿叠层太阳电池的制备

近年来光伏发电产业化技术迅速发展，我国光伏产业竞争力已位居世界前列。硅料、硅片、电池片和组件的产量在全球市场占比均超过70%，光伏装机容量占比也超过40%[1]。随着我国光伏制造技术和产业规模化的进步，晶硅太阳能电池组件的成本经过十年已降低10 倍以上，部分地区已实现平价上网。光伏行业对太阳电池提升效率和降低成本的追求永不停歇，不过以硅电池为主的光伏产业，如下问题需关注：（1）为实现全面平价上网，发电成本还需进一步降低；（2）我国光伏产业优势主要体现在大规模量产制造方面，但硅基电池技术发展的原创性前沿技术仍由欧、美、日等国的研究机构、公司所主导；（3）晶体硅太阳能电池的实验室最高转换效率已达26.7%[2-3]，逼近其理论极限效率 29.4%[4]，如何超越硅晶太阳能电池效率瓶颈，开发突破 30%光电转换率的新一代高效低成本光伏技术已成为国内外太阳能电池科研人员关注的热点，也是我国光伏人必须面对的竞争与挑战。

现有光伏技术中，双结叠层电池是实现 30%以上光电转换效率最具性价比的方案。如图 6.1所示，其中宽带隙顶电池吸收紫外和短波长可见光，窄带隙底电池吸收长波长可见光和红外光，可以有效抑制电池中能量的光学损失。目前，GaInP/GaAs 和 GaAs/Si 双结叠层电池均实现 32.8%的实验室最高效率[3, 5]，但由于砷化镓太阳能电池制备工艺复杂、原材料价格昂贵，无法满足低成本规模化量产要求。因此，依托于成熟的晶体硅太阳能电池，将成本低廉的宽带隙材料电池与之叠加形成叠层电池被认为是最有希望获得30%以上转换效率的低成本光伏技术[6-7]。因此，能否找到合适的低成本宽带隙顶电池是制约硅基叠层电池效率的关键。幸运的是，钙钛矿电池的横空出世为高效低成本叠层电池的实现提供了无限可能。2009 年日本科学家宫坂力教授首次将有机–无机卤化物钙钛矿材料应用于染料敏化太阳能电池中，经过 10 年的发展，钙钛矿单结电池转换效率已从3.8%提高到25.5%，实现了太阳能电池史上效率提升的奇迹[8-9]。在SHJ异质结和TOPCon电池之后，下一代的电池技术中晶体硅–钙钛矿叠层电池也有望于近期进入量产，其实验室效率在过去的五年中也从 13.7%提升到 29.8%[9-10]，远远超过了单结晶体硅太阳能电池的最高效率。由于其理论效率高达 42.5%[11]，因此，实验室效率仍然有很大的提升空间。

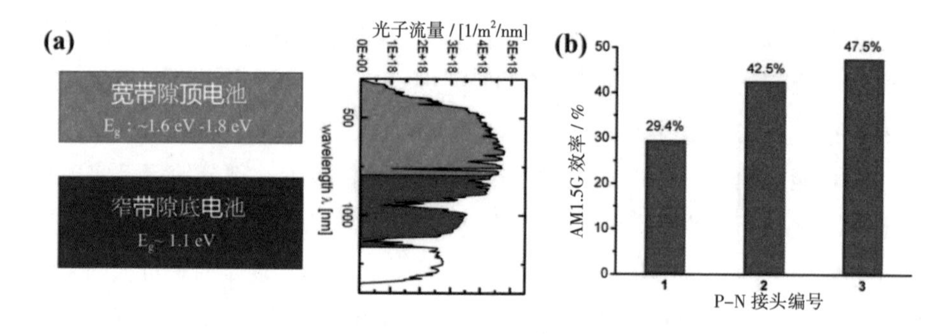

图6.1 叠层电池光吸收波段示意图

在硅异质结电池方面，国内汉能成都研发中心于2019年11月实现了25.11%的世界记录[3]，2021年隆基研发实现的26.3%的效率再次突破世界纪录，打破了日本松下和Kaneka公司在过去29年对该技术世界记录的垄断。在单结钙钛矿太阳能电池的研发方面，近年来国内也取得了很大的进展。中科院半导体所游经碧研究员于2018年两次刷新小面积电池世界记录，取得23.7%的转换效率[22]；杭州纤纳光电科技有限公司多次创造并刷新单结钙钛矿电池小组件世界记录[23]。但是，在二端钙钛矿/晶硅叠层电池领域，国内自主研发的电池转换效率处于26%左右的水平[25]，与世界最高水平29.8%有很大的差距。因此，对钙钛矿/晶体硅叠层太阳能电池的研究及关键科学问题的解决，将使我国在下一代高效低成本光伏技术的竞争中处于优势地位。同时，如果下一代太阳能电池效率能够超过30%，将使其有机会成为成本最低的发电技术。面对未来化石能源枯竭、核能安全无法保障的情况，将对未来人类经济活动产生重大影响，也是实现“碳中和”的关键技术手段之一。总之，发展高效低成本下一代钙钛矿/硅叠层电池技术具有重大的战略意义。本章将介绍二端硅基异质结与钙钛矿叠层太阳电池的制备，并分析其关键科学问题。

6.1 硅基异质结与钙钛矿二端叠层太阳电池的制备

从电流输出方式来划分，钙钛矿/硅双结叠层电池可分为四端叠层和二端叠层电池[11-12]。四端叠层电池的顶电池与底电池制备相对独立，机械式将半透明钙钛矿电池叠加于硅底电池上，其性能主要取决于顶电池效率及中间层[13-14]。二端叠层电池是由两个电池串联组成，由电路知识可知流经叠层电池中的电流由子电池中较小的电流决定，在实际电池制备过程中应使顶、底电池的电流尽可能相等，实现二者电流匹配才能实现最高效率。二端叠层电池的开路电压为上下两个子电池开路电压之和，在实际制备过程中应在电流匹配的情况下，提高子电池的开路电压[16]。

电池的组装过程中，采用双面抛光的约150 μm厚n型单晶硅片制作硅基异质结底电池。依照第3章制备硅基异质结电池的方法，采用等离子体增强化学气相沉积技术（PECVD）制备本征氢化非晶硅（i a-Si:H）薄膜，分别在硅片的前后表面沉积p型和n型非晶硅（p 和 n a-Si:H）形成p/n结和背表面场（BSF）。采用溅射法在电池背面沉积铝掺杂的氧化锌（AZO）和银。在电池正面，通过原子层沉积（ALD）或者磁控溅射法（PECVD）沉积钙钛矿太阳能电池的电子传输层。采用一步旋压工艺制备钙钛矿薄膜，并通过旋涂法制备空穴传输层。然后通过热蒸发沉积MoO_3层，最后在连接两个电池的第一个ITO层的阴影罩中溅射顶部ITO触点。从理论上讲，单结硅电池可以吸收300～1 200 nm的太阳，在其上面叠加钙钛矿电池并未拓宽光吸收范围。但是，单结硅电池工作时，能量大于禁带宽度（1.12 eV）的光子被吸收，产生的电子和空穴对分别被激发到导带和价带的高能态，多余的能量会以声子形式放出，电子和空穴会回落到导带底和价带顶，导致能量的损失[15]。因此，在硅电池上叠加宽带隙钙钛矿电池，其吸收高能光子，产生电子–空穴对，从而减小光学损失。对晶体硅电池而言，开路电压与晶体硅表面的钝化密切相关[2]。随着晶体硅钝化技术的不断进步，电池的结构也从铝背场结构（Al–BSF）（V_{OC}~0.66 V）[17]发展到目前主流的钝化发射极及背接触（PERC）（V_{OC}~0.705V）[12]、a–Si:H作为钝化层的硅异质结（SHJ）（V_{OC}~0.74V）[2, 18]、SiOx作为钝化层的隧穿氧化物钝化结（TOPCon）（V_{OC}~0.72V）[19]和插指背接触电池（IBC）（V_{OC}~0.74V）[3, 20]。由于PERC和TOPCon结构的硅电池最外面为SiN_x绝缘钝化层，无法实现底电池中光生载流子到钙钛矿电池的传输[21]，而要实现载流子传输，需要牺牲它们表面的绝缘钝化层，而这将导致开路电压的损失，因此，硅异质结电池是实现高效率叠层电池的最佳底电池选择。此外，硅异质结电池也是所有晶硅电池结构中双面率最高的，这为实现最高效的双面钙钛矿/硅叠层电池奠定了基础。

图6.2　叠层电池结构示意图

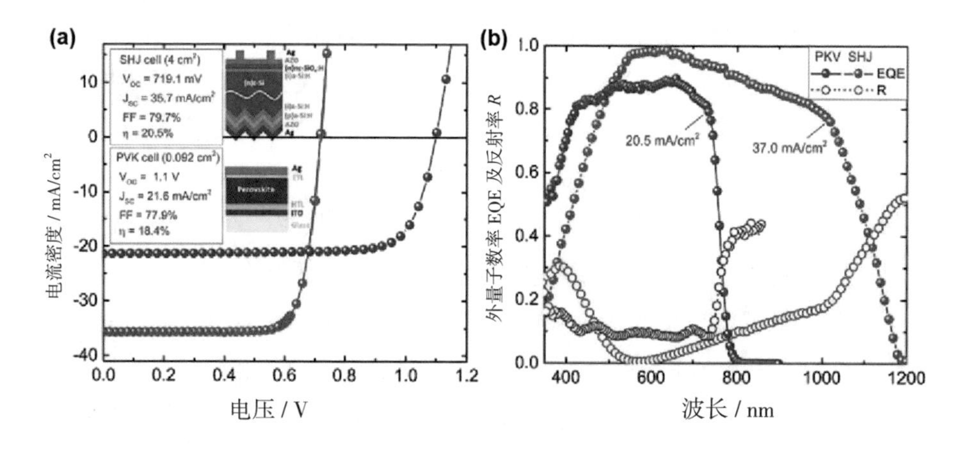

图6.3 （a）硅电池与钙钛矿电池分别的器件效率图；（b）外量子效率图

由外量子效率图6.3（b）可以看出，两者的光伏影响可以实现比较好的互补，在整个400～1 200 nm光谱范围内有非常好的光伏响应。钙钛矿/硅串联太阳能电池具有潜力，可以将电池效率提高到超过晶体硅（Si）单结极限。但是，与透明导电氧化物和钙钛矿吸收层相比，Si的相对较大的光学折射率会导致单片（两端）器件中电池内部连接处的显著反射损失。因此，光管理对于提高Si底部电池的光电流吸收至关重要。从光学上来讲，波长小于750 nm的光被顶层钙钛矿电池吸收，波长大于750 nm的光将从中间连接层进入底部硅电池，在中间连接层与顶、底子电池界面处都存在光的反射现象，为了减小光在该界面处的反射损失，中间连接层材料折射率约等于顶、底电池吸收层钙钛矿和硅材料折射率的平方根，厚度约等于1/4入射光波长和折射率的乘积；从电学上来讲，顶电池的空穴与底电池中的电子在此隧穿复合，由于电子和空穴在太阳能电池中纵向导电的属性，因此要求中间复合层材料的纵向导电性好而横向导电性差；从化学上来讲，中间传输层与底部异质结硅电池非晶硅薄膜接触，制备过程中不能对非晶硅薄膜造成损伤，如若对薄膜有钝化作用则会更进一步的提高底硅电池的效率及叠层效率。通过使用由纳米晶体氧化硅组成的光学中间层，可以显著降低在平坦的硅基板上处理的串联电池中的红外反射损失。事实证明，折射率为2.6（在800 nm）的110 nm厚的中间层可产生1.4 mA/cm^{2}硅底部电池中的电流增益。一般地，钙钛矿/硅异质结叠层电池中多采用ITO作为中间连接层，但由于ITO薄膜在750 nm处的折射率约等于1.66，而钙钛矿和硅吸收层在750 nm附近的折射率分别为2.3和3.7，其乘积的平方根大约为2.9。因此，为获得更高的效率，中间连接层材料应选择其他折射率更大的材料。同时，ITO薄膜较高的横向导电性会导致载流子横向移动，从而导致开路电压的损失。ITO薄膜自由载流子对红外光的吸收，也会导致电流密度损失。硅异质结电池研究中，为了减少掺杂非晶硅窗口层的寄生吸收，常采用纳米晶硅氧薄膜代替非晶硅薄膜，从而提高电池的电流密度。同时，由于纳米晶硅氧层相较非晶硅层更好的场效应钝化作用，导致开路电压和填充因子的提升，从而获得了更高的转换效率。此外，通过调节晶化率和氧含量可以将纳米晶硅氧薄膜的折射率从2.0～3.0进行调整，完全满足钙钛矿/硅叠层电池中间连接层的光学要求。电学方面，纳米晶硅氧材料的两相性导致薄膜纵向导电性好于横向导电性，可以最大限度地减小叠层电池开路电压损失。同时，微晶硅氧薄膜相对于ITO薄膜也具有成本优势。

6.2 硅基异质结与钙钛矿叠层太阳电池的研究及关键科学问题

钙钛矿自2009年诞生以来，得益于其优异的光电性能，迅速成为光伏领域的明星材料。而钙钛矿/硅叠层电池由于其巨大的应用前景，已成为各国光伏工作者抢占的技术高地。在过去的几年中，其关键科学问题主要体现在以下几方面。

（1）叠层电池结构选择。鉴于钙钛矿电池和硅电池的结构多样性，二端叠层电池具有多种可能的组合结构。可将正式结构钙钛矿电池叠加到Al-BSF和PERC硅电池上，采用ALD制备的n型TiO_2与硅电池上层P型掺杂硅形成隧穿结。也将正式的钙钛矿电池叠加到硅异质结底电池上，其中n型SnO_2与p

型掺杂a-Si:H形成隧穿结[26]。但是，这两种电池结构中，入光面空穴传输层材料寄生吸收导致较大的光吸收，限制了高效率叠层电池的实现。因此，反式结构钙钛矿/硅异质结叠层结构由于其较高的理论和实际转换效率受到了越来越多的研究者的青睐[16, 7]。同时，为了进一步减小叠层电池中光学寄生吸收损失，也可将钙钛矿电池集成到插指背接触（IBC）底电池上[28-29]。

（2）电流匹配问题。在钙钛矿/硅异质结叠层电池中，背面入光将会导致底电池电流密度增加，从而导致电流匹配度改变。此外，太阳光谱随时空的变化也将引起叠层电池中电流匹配度改变，从而导致电池转换效率和发电量的不同。因此，对钙钛矿/硅异质结叠层电池，为实现最大发电量，需根据实际情况设计双面叠层结构。在二端叠层电池中，可通过调节顶、底电池的光学带隙、厚度等参数实现电流匹配获得最高转换效率。由于二端叠层电池为顶、底电池串联结构，电流的大小由子电池中较小的电流所决定。因此，调节顶、底子电池的电流使之尽可能相等，可获得最大的电流输出。在二端钙钛矿/硅叠层电池中，电流的大小与钙钛矿顶电池的带隙、厚度、相结构，隧穿结材料、厚度，载流子传输层材料、厚度和减反层等因素有关。钙钛矿中Cs和Br的含量调整，并通过调节钙钛矿吸收层厚度和带隙实现顶、底电池的完美匹配[16]，在钙钛矿/硅异质结叠层电池上可实现高输出电流[27]。

（3）中间隧穿层及载流子传输层材料选择。众所周知，在二端钙钛矿/硅叠层电池中，顶电池中的电子或空穴会与底电池中的空穴或电子在中间层复合形成复合电流。中间连接层（或隧穿复合层）的性质对叠层电池的短路电流、开路电压和填充因子都有决定性的影响，可通过控制中间连接层的折射率、厚度等参数精确调控叠层电池的效率。文献报道ITO可作为中间层[30]，也采用重掺杂的a-Si:H作为叠层电池隧穿结[10]；重掺杂的a-Si:H隧穿结相比于ITO更有希望实现较高的开路电压（1.78 eV：0.62 eV），这是由于相较于ITO中间层，a-Si:H拥有较小的横向导电性，从而抑制了由其引起的分流损失[27]。众所周知，载流子传输层材料对钙钛矿电池稳定性有很大的影响。在叠层电池中，研究者通常选择反式钙钛矿电池作为顶电池，C60/PCBM常用作电子传输层，而空穴传输层则有多种选择，其中选用Spiro-TTB在绒面结构[27]；NiO由于其较高的稳定性，也被成功应用于叠层电池中，但由于NiO与钙钛矿吸收层能级匹配并不完美，因此，通过在NiO和钙钛矿中间层之间插入PolyTPD作为缓冲层，可实现高转换效率[31]；同时，PTAA也是一种兼具高效率和稳定性的极具潜力的空穴传输层材料[32]。

（4）绒面硅电池上保形生长研究。在高效硅太阳能电池中，为了减小入射光在电池表面的反射损失，通常将硅片刻蚀为大小5 μm左右的金字塔绒面结构。由于钙钛矿顶电池的厚度一般不超过1 μm，因此，如何在绒面硅电池上实现钙钛矿顶电池的保形生长，是叠层电池制备中需要解决的一个关键技术。Ballif教授课题组通过蒸镀和溶液法相结合的二步法成功在3～5 μm大小的硅异质结绒面电池上集成了钙钛矿顶电池，其中第一步将碘化铅和溴化铯混合物蒸镀到绒面底电池上，第二步将卤化胺旋涂于蒸镀层上与之反应生成钙钛矿吸收层，从而实现25.2%的转换效率[27]。为了发挥钙钛矿溶液制备的优势，将硅电池表面金字塔大小减小到1 μm，然后利用风刀刮涂法成功在绒面硅电池上制备了钙钛矿电池。该方案可发挥钙钛矿电池溶液法制备的优势[32]；多伦多大学Edward H. Sargent教授课题组通过溶液法在绒面硅电池上制备了与金字塔大小相近的2 μm厚的宽带隙钙钛矿吸收层，通过1–丁硫醇蒸气处理钙钛矿表面从而增加其扩散长度，最终实现了25.9% 的转换效率[33]。

（5）叠层电池制备温度问题。在经典的钙钛矿太阳能电池制备过程中，往往需要采用高温制备工艺，比如TiO_2电子传输层的制备过程中一般会采用高温煅烧处理以得到高质量的TiO_2薄膜，作为叠层电池制备基底的底电池，Si电池层并不能承受过高温烧结，因此此类材料在串联器件中的应用受到了很大的限制[34]。因此，开发高效低温复合型电子传输材料开发低温条件件制备高效钙钛矿太阳能电池技术，对发展和扩展钙钛矿/硅双结叠层太阳能电池的应用具有关键性的作用[35–36]。

（6）电池稳定性问题。钙钛矿电池的稳定性已成为制约其商业化的瓶颈，特别是在叠层电池中，底层硅电池已证明其有25年以上的寿命，如何提高顶层钙钛矿电池的寿命，做到上下电池寿命匹配是叠层电池能否商业化的关键。但钙钛矿/硅叠层电池中，底层晶硅电池带隙无法调整，为实现电流匹配获得高效率，科研人员多采用改变钙钛矿吸收层的组分和厚度的方案，但改变钙钛矿组分常常引起相分离等稳定性问题。大量文献证明，以铯（Cs）和甲脒（FA）二元混合阳离子代替MA将极大地提高钙钛矿材料的稳定性[37]；通过在3D钙钛矿材料中添加稳定性好的2D材料，也可有效改善钙钛矿顶电池的稳定性[23]；科罗拉多大学Michael D. McGehee教授团队报道了使用可有效地形成1.67 eV宽带隙钙钛矿顶电池，通过调整组分形成三卤（I、Cl、Br）化物混合钙钛矿也可提升钙钛矿在光照下的稳定性[31]。所以钙钛矿/硅叠层电池中，基于底层晶硅电池带隙无法调整，为实现电流匹配获得高效率，科研人员多采用改变钙钛矿吸收层的组分和厚度的方案，但改变钙钛矿组分常常引起相分离等稳定性问题。

钙钛矿/硅异质结电池经过几年的发展，多个课题组已经实现26%以上的效率，其中德国研究机构HZB于2020年1月实现29.15%的超高转化效率。牛津光伏（Oxford PV）于2021年11月底实现29.8%的叠层电池新世界纪录，进一步证明了该技术是未来最具性价比的光伏发电技术。尽管钙钛矿/硅叠层电池实验室效率已经达到29.8%，但与其42.5%的极限理论效率仍然有较大的差距。众所周知，晶体硅太阳能电池已经进入双面时代，特别是硅异质结电池由于其最大的双面率，在所有晶体硅电池中实现最大的实际发电量。

本章总结

特别是双面钙钛矿/硅异质结叠层电池中，硅异质结电池背面入光量的改变将会直接影响到叠层电池的电流匹配、转换效率及发电量。同时，顶、底电池中电流的匹配度与叠层电池稳定性的关系尚不明确。因此，通过控制中间连接层的性质进而实现对叠层电池转换效率的精确调节及稳定性的评估，对未来钙钛矿/硅叠层电池的产业化至关重要。

参考文献

[1] https://iea-pvps.org/wp-content/uploads/2022/01/IEA-PVPS-Trends-report-2021-4. pdf[EB/OL], IEA PVPS trends in photovoltaic application 2022.

[2] Yoshikawa K, Kawasaki H, Yoshida W, et al. Silicon heterojunction solar cell with interdigitated back contacts for a photoconversion efficiency over 26%[J]. Nat. Energy, 2017, 2（5）: 17032.

[3] Green M A, Dunlop E D, Hohl-Ebinger J, et al. Solar cell efficiency tables（Version 55）[J]. Progress in Photovoltaics: Research and Applications, 2020, 28（1）: 3-15.

[4] Richter A, Hermle M, Glunz S W, et al. Reassessment of the Limiting Efficiency for Crystalline Silicon Solar Cells[J]. IEEE Journal of Photovoltaics, 2013, 3（4）: 1184-1191.

[5] Essig S, Allebé C, Remo T, et al. Raising the one-sun conversion efficiency of III - V/Si solar cells to 32.8% for two junctions and 35.9% for three junctions[J]. Nat. Energy, 2017, 2（9）: 17144.

[6] Leijtens T, Bush K A, Prasanna R, et al. Opportunities and challenges for tandem solar cells using metal halide perovskite semiconductors[J]. Nat. Energy, 2018, 3（10）: 828-838.

[7] Sofia S E, Wang H, Bruno A, et al. Roadmap for cost-effective, commercially-viable perovskite silicon tandems for the current and future PV market[J]. Sustainable Energy & Fuels, 2020, 4（2）: 852-862.

[8] Kojima A, Teshima K, Shirai Y, et al. Organometal halide perovskites as visible-light sensitizers for photovoltaic cells[J]. J. Am. Chem. Soc., 2009, 131（17）: 6050-6051.

[9] https://www.nrel.gov/pv/cell-efficiency.html.

[10] Mailoa J P, Bailie C D, Johlin E C, et al. A 2-terminal perovskite/silicon multijunction solar cell enabled by a silicon tunnel junction[J]. Applied Physics

Letters, 2015, 106（12）: 121105.

[11] Eperon G E, Hörantner M T, Snaith H J. Metal halide perovskite tandem and multiple-junction photovoltaics[J]. Nature Reviews Chemistry, 2017, 1（12）: 0095.

[12] Werner J, Niesen B, Ballif C. Perovskite/Silicon Tandem Solar Cells: Marriage of Convenience or True Love Story?-An Overview[J]. Adv. Mater. Interfaces, 2018, 5（1）: 1700731.

[13] Wang Z, Zhu X, Zuo S, et al. 27%-Efficiency Four-Terminal Perovskite/Silicon Tandem Solar Cells by Sandwiched Gold Nanomesh[J]. Adv. Funct. Mater., 2020, 30（4）: 1908298.

[14] Löper P, Moon S J, Martín de Nicolas S, et al. Organic-inorganic halide perovskite/crystalline silicon four-terminal tandem solar cells[J]. Physical Chemistry Chemical Physics, 2015, 17（3）: 1619-1629.

[15] Chowdhury I U I, Sarker J, Shifat A S M Z, et al. Performance analysis of high efficiency $In_xGa_{1-x}N$/GaN intermediate band quantum dot solar cells[J]. Results in Physics, 2018, 9: 432-439.

[16] Bush K A, Manzoor S, Frohna K,et al. Minimizing Current and Voltage Losses to Reach 25% Efficient Monolithic Two-Terminal Perovskite-Silicon Tandem Solar Cells[J]. Acs Energy Lett., 2018, 3（9）: 2173-2180.

[17] Fellmeth T, Mack S, Bartsch J, et al. 20.1% Efficient Silicon Solar Cell With Aluminum Back Surface Field[J]. IEEE Electron Device Letters, 2011, 32（8）: 1101-1103.

[18] Ruan T, Qu M, Wang J, et al. Effect of deposition temperature of a-Si:H layer on the performance of silicon heterojunction solar cell[J]. Journal of Materials Science: Materials in Electronics, 2019, 30（14）: 13330-13335.

[19] Richter A, Benick J, Feldmann F, et al. n-Type Si solar cells with passivating electron contact: Identifying sources for efficiency limitations by wafer thickness and resistivity variation[J]. Sol. Energy Mater. Sol. Cells, 2017, 173: 96-105.

[20] Nagashima T, Okumura K, Murata K, et al. In Three-terminal tandem solar

cells with a back-contact type bottom cell[J]. Conference Record of the Twenty-Eighth IEEE Photovoltaic Specialists Conference - 2000 (Cat. No.00CH37036) , 15-22 Sept. 2000, 2000: 1193-1196.

[21] Yan L L, Han C, Shi B, et al. A review on the crystalline silicon bottom cell for monolithic perovskite/silicon tandem solar cells[J]. Materials Today Nano, 2019, 7: 100045.

[22] Green M A, Dunlop E D, Levi D H, et al. Solar cell efficiency tables (version 54)[J]. Progress in Photovoltaics: Research and Applications, 2019, 27 (7): 565-575.

[23] Kim D, Jung H J. Efficient, stable silicon tandem cells enabled by anion-engineered wide-bandgap perovskites[J]. Science, 2020, 368 (6487) : 155-160.

[24] Wu Y, Yan D, Peng J, et al. Monolithic perovskite/silicon-homojunction tandem solar cell with over 22% efficiency[J]. Energy Environ. Sci., 2017, 10 (11) : 2472-2479.

[25] Shen H, Omelchenko S T, Jacobs D A, et al. Catchpole, K. R., In situ recombination junction between p-Si and TiO₂ enables high-efficiency monolithic perovskite/Si tandem cells[J]. Science Advances, 2018, 4 (12): eaau9711.

[26] Albrecht S, Saliba M, Correa Baena J P, et al. Monolithic perovskite/silicon-heterojunction tandem solar cells processed at low temperature[J]. Energy Environ. Sci., 2016, 9 (1) : 81-88.

[27] Sahli F, Werner J, Kamino B A, et al. Fully textured monolithic perovskite/silicon tandem solar cells with 25.2% power conversion efficiency[J]. Nat. Mater., 2018, 17 (9) : 820-826.

[28] Tockhorn P, Wagner P, Kegelmann L, et al. Three-Terminal Perovskite/Silicon Tandem Solar Cells with Top and Interdigitated Rear Contacts[J]. ACS Applied Energy Materials, 2020, 3 (2) : 1381-1392.

[29] Santbergen R, Uzu H, Yamamoto K, et al. Optimization of Three-Terminal Perovskite/Silicon Tandem Solar Cells[J]. IEEE Journal of Photovoltaics, 2019, 9 (2) : 446-451.

[30] Mazzarella L, Lin Y H, Kirner S, et al. Infrared Light Management Using a Nanocrystalline Silicon Oxide Interlayer in Monolithic Perovskite/Silicon Heterojunction Tandem Solar Cells with Efficiency above 25%[J]. Adv. Energy Mater., 2019, 9(14): 1803241.

[31] Xu J, Boyd C C, Yu Z J, et al. Triple-halide wide - band gap perovskites with suppressed phase segregation for efficient tandems[J]. Science, 2020, 367(6482): 1097-1104.

[32] Chen B, Yu Z J, Manzoor S, et al. Blade-Coated Perovskites on Textured Silicon for 26%-Efficient Monolithic Perovskite/Silicon Tandem Solar Cells[J]. Joule, 2020, 4(4): 850-864.

[33] Hou Y, Aydin E, Bastiani M D, et al. Efficient tandem solar cells with solution-processed perovskite on textured crystalline silicon[J]. Science, 2020, 367(6482): 1135-1140.

[34] Yang D, Yang R X, Zhang J, et al. High efficiency flexible perovskite solar cells using superior low temperature TiO_2[J]. Energy Environ. Sci., 2015, 8(11): 3208-3214.

[35] Zhang Z, Han F, Fang J, et al. An Organic-Inorganic Hybrid Material based on Benzo[ghi]perylenetri-imide and Cyclic Titanium-Oxo Cluster for Efficient Perovskite and Organic Solar Cells[J]. CCS Chemistry, 2021, 3: 1217 - 1225.

[36] Zhao C, Zhang Z, Han F, et al. An Organic-Inorganic Hybrid Electrolyte as a Cathode Interlayer for Efficient Organic Solar Cells[J]. Angew. Chem. Int. Ed., 2021, 60(15): 8526-8531.

[37] Bush K A, Palmstrom A F, Yu Z J, et al.23.6%-efficient monolithic perovskite/silicon tandem solar cells with improved stability[J]. Nat. Energy, 2017, 2(4): 17009.

第7章 总结与展望

对SHJ太阳能电池的关键技术进行了详细介绍，并形成完整的工艺流程，对钙钛矿薄膜太阳能电池中的关键组成材料分别进行了选择以及工艺的优化，为开发新材料、提高钙钛矿太阳能电池性能与应用奠定了一些实验基础，同时新材料的选择和优化为材料的潜在应用扩宽了道路。2019年1月，隆基电池研发中心单晶双面PERC电池正面转换效率达到了24.06%并保持至今；在N型TOPCon电池领域，隆基电池研发中心在6月份公布经世界公认权威测试机构认证的25.21%的世界最高转换效率；在P型TOPCon电池领域，隆基于2021年7月实现了25.19%的效率转换世界纪录。这些不断被打破的世界纪录充分展示出国内企业强大的核心竞争力，有效保障光伏技术产品的行业领先性，助力光伏的跨越式发展。除此之外，目前国内光伏企业已在n型TOPCon、p型TOPCon、n型HJT和p型HJT等多种新型高效电池技术方向同样实现全面领先，人类商业化应用太阳能极限不断被推至最新高度。效率通常被认为是钙钛矿光伏的优势，需要对大面积器件进行重大改进。实验室规模的钙钛矿光伏器件面积小于1 cm^2已在最优组分实现超过25%的认证器件效率。即使是次优的钙钛矿光伏器件也可以实现高效率。小面积电池在广泛的钙钛矿组分和从1.24 eV到1.7 eV 的带隙范围内以及柔性基板上实现了20%的效率。虽然不乏具有高效率的示范点电池，但大面积钙钛矿电池（>10 cm^2）

的效率明显低于点电池，而且——也许更重要的是——远低于硅、CdTe和类似尺寸的铜铟镓硒（CIGS）光伏电池。提高大面积电池效率的研究对于提高钙钛矿模块的技术准备水平至关重要。

美国能源部太阳能技术办公室将钙钛矿光伏产业化的主要技术障碍分为三类：稳定性和耐用性、组件效率（可扩展性）和制造（产量、过程控制等）。为了使钙钛矿光伏技术具有商业竞争力，其平准化度电成本（LCOE）必须在准备部署时与现有技术的平准化度电成本具有竞争力。这将是困难的，因为硅和CdTe光伏组件的成本逐年下降预计将持续到未来十年甚至更久。对于钙钛矿-硅串联叠层技术，证明这种准备就绪的合理标准可能是在M6（274.15 cm^2）或M10（399.98 cm^2）电池形式的>500 cm^2微型模块中实现27%的效率。鉴于标准化制造设备、模块组件和系统平衡成本（如安装标准化、机架/安装）的好处，钙钛矿-硅串联叠层技术应遵循标准硅制造技术的进步。对于仅钙钛矿的电池结构，当组装成孔径面积大于500 cm^2 的示范微型模块时，大面积（≥125 cm^2）电池应实现单结器件18%的效率和全钙钛矿串联叠层器件24%的效率。

虽然钙钛矿技术的标准化电池和模块外形尺寸尚未最终确定，但商业化实体之间的合作以识别和实施全行业标准将是扩大整个行业超越初始示范项目的关键先决条件。为了鼓励行业标准化和交流，各国需要进一步促进学术界、实验室和工业界之间的密切合作。这些合作带来不同的观点和专业知识来解决常见问题，加速学习周期，并促进知识和技能的转移。相信在不久的将来低成本、高效率、大面积且制备工艺简单的钙钛矿或者钙钛矿/SHJ叠层太阳能电池必然会实现产业化，成为世界能源中重要的有生力量。